設計技術シリーズ

徹底解説！
誘導モータの制御技術
基本から
センサレスベクトル制御の実践まで

［著］

茨城大学
岩路 善尚

科学情報出版株式会社

はじめに

　本書は誘導モータの制御方法に関する入門書として、電気系の大学、高専卒業生などを対象に、できるだけわかり易く解説しました。

　近年の世界的な脱炭素化の潮流に呼応して、電動機の利活用が再注目されて、専門書もたくさん出回っています（文献 [1] ～ [4] など）。モータとしては、小型・高効率の永久磁石同期モータが注目を集めていますが、誘導モータもまだまだ生産台数では負けていません。永久磁石同期モータを駆動するには、インバータやマイコンによる制御が必須ですが、誘導モータは三相交流の直入れでも駆動できるという特長があります。駆動方法も、ほぼ無調整・無設定で可変速駆動が可能な V/F 一定制御から、高応答・高効率なベクトル制御、さらには速度センサレスベクトル制御など、用途に応じて「大化け」する、非常に面白いモータであるといえます。その「大化け」を下支えしているのが「制御技術」といえます。

　永久磁石を用いないことは、不可逆減磁などの心配はなく、極めて堅

〔写真1〕誘導モータ（写真提供：(株)日立産機システム）

はじめに

牢な、壊れにくいモータといえます。同じく永久磁石を用いないモータには、シンクロナス・リラクタンス・モータもありますが、三相交流の直入れで駆動はできません。用途、駆動方法の幅の広さでは、誘導モータが突出しているのではないでしょうか。

この魅力あふれる誘導モータの制御技術に関して、本書では全8章で解説しています。

第1章は、交流モータの駆動原理を、制御技術の視点でまとめてみました。誘導モータを主題としているにもかかわらず、直流モータや永久磁石モータを例に交流モータを解説しています。これは誘導モータが如何に特異な存在であり、電気磁気学に精通した技術者が考案した、極めてマニアックモータであることをお伝えしたかったという意図もあります。

〔写真2〕汎用インバータ（写真提供：(株)日立産機システム）

－Ⅳ－

第2章は、「制御」に欠かすことのできない誘導モータの「数式モデル」を中心とした内容になっています。2.3節以降は"数式展開の嵐"となっていますが、なるべく途中の式を省略しないように記述しました。制御技術は、数式モデルありきですべてが始まりますので、この章は避けて通れませんが、若干、退屈になるかも知れません。誘導モータの複雑怪奇さを、数式から感じ取って頂ければと思います。

　第3章は、第1、2章とは大きく異なり、誘導モータを直接駆動する電力変換器である「インバータ」に関する解説になります。モータ制御を行うには、実に様々なスキルを必要としており、その中には、第3章のインバータ、第4章の古典制御も知っておく必要があります。第3章は、インバータの動作を理解する章として、単独に読んで頂いてもよいかと思います。

　第4章は、古典制御を用いたフィードバック制御系の設計の解説になります。制御工学の教科書よりも、さらに実際の実用的な設計法をそのものずばりで解説しています。制御工学の予備知識があれば、容易に理解可能と思いますが、そうでない場合は、制御工学の教科書の「古典制御」のあたりを参考にして頂ければと思います。

　第5章は、誘導モータのもっとも基本的な駆動方式である、V/F 一定制御を解説しています。今時、V/F 一定制御の詳細を書いた書籍はあまりないと思いますが、インバータの動作も兼ねて、誘導モータがどのようなモータであるのかを知る上で、非常によい題材と考えています。「デッドタイムの影響」、「乱調」といった、実用上、よく遭遇する不具合に対しても解説しています。

　第6章では、本書でもっとも重要な技術である「ベクトル制御」について説明しています。特に第5章の V/F 一定制御との違いを比較しながら

説明することに重点をおきました。

　第7章では、センサレスベクトル制御について解説と実験結果を示し、さらに低速域の不安定現象に関して、そのメカニズムと対策に関して述べています。

　第8章では、実用化されているその他の制御方式に関して、いくつかの例を挙げて解説しています。誘導モータの制御の面白さが凝縮された章になっています。

　本書は、筆者が長年モータ制御技術者として得た知見を、なるべく次世代の方々へお伝えしたく執筆したものです。私をモータ制御技術者として育てて頂いた、（株）日立製作所の諸先輩方や、長年、電気学会等で貴重なご意見を頂いた研究者・技術者の皆様に、厚く御礼申し上げます。

著者

目　　次

はじめに

第1章　モータ・ドライブの基礎

1.1　回転機の特徴 ･････････････････････････････････ 3
（1）モータのトルク発生原理 ･････････････････････ 3
（2）回転機の宿命「逆起電力（速度起電圧）」･･･････ 8
（3）回転数と速度起電圧の関係 ･･･････････････････ 10
1.2　各種モータの中の誘導モータ ･･･････････････････ 12
（1）モータの分類 ･････････････････････････････ 12
（2）誘導モータは「変圧器」が回っているモータ ･･･ 13
（3）各種モータの比較 ･････････････････････････ 14
（4）弱め界磁とは？ ･･･････････････････････････ 16
1.3　モータの機械出力と電力の関係 ･････････････････ 19
1.4　モータの機械負荷 ･････････････････････････････ 22

第2章　誘導モータの数式モデル

2.1　アラゴの円盤 ･････････････････････････････････ 29
2.2　誘導モータの回転原理 ･････････････････････････ 31
2.3　数式モデル ･･･････････････････････････････････ 35
（1）三相モデル ･･･････････････････････････････ 35
（2）αβ軸モデル ･･････････････････････････････ 37
（3）dq軸モデル ･･････････････････････････････ 39
2.4　ブロック線図モデル ･･･････････････････････････ 46

－ Ⅶ －

第3章 インバータ技術

3.1 インバータの概要	51
3.2 パワー半導体素子によるPWM制御	54
（1）PWM制御の原理	54
（2）三相PWM方式	55
（3）スイッチ動作の損失	57
3.3 各種PWM制御方式	60
（1）正弦波変調	60
（2）3次調波加算方式	62
（3）2相変調方式	64
3.4 インバータを用いる場合の制御上の課題	68
（1）制御処理周期と三角波キャリアの関係	68
（2）デッドタイムの挿入	69
3.5 インバータの回路構成	72
（1）インバータの全体構成	72
（2）絶縁型のゲート・ドライブ回路	73
（3）非絶縁型のゲート・ドライブ回路	74
（4）パワーモジュール	76

第4章 フィードバック制御

4.1 誘導モータの制御構成	81
4.2 制御開発のフロー	85
4.3 電流制御系の設計（直流モータの例）	88
（1）制御対象のモデル化（ブロック線図表記）	89
（2）等価変換	91
（3）制御設計	93
（4）ソフトウエアによる実装	99
4.4 速度制御系の設計（直流モータの例）	101

第5章　V/F一定制御

5.1　V/F 一定制御の原理 ・・・・・・・・・・・・・・・・・・・・・・・・・・・・・・・・・・111

5.2　シミュレーション ・・・・・・・・・・・・・・・・・・・・・・・・・・・・・・・・・・・・115

5.3　V/F 一定制御の基本構成での実験 ・・・・・・・・・・・・・・・・・・・・・118

　（1）制御の基本構成・・・・・・・・・・・・・・・・・・・・・・・・・・・・・・・・・・・・118

　（2）実験結果・・・119

5.4　デッドタイム補償を付加した V/F 一定制御の実験・・・・・・・・・・・121

　（1）デッドタイム補償の構成と原理 ・・・・・・・・・・・・・・・・・・・・・・121

　（2）実験結果・・・124

5.5　始動時の電流補償を付加した V/F 一定制御の実験・・・・・・・・・・126

　（1）d 軸電流フィードフォワードの追加・・・・・・・・・・・・・・・・・・・126

　（2）d 軸電流フィードフォワードの実験結果・・・・・・・・・・・・・・・127

　（3）d 軸電流制御の追加 ・・・・・・・・・・・・・・・・・・・・・・・・・・・・・・・128

　（4）d 軸電流制御の実験結果 ・・・・・・・・・・・・・・・・・・・・・・・・・・・129

5.6　乱調現象とその改善策 ・・・・・・・・・・・・・・・・・・・・・・・・・・・・・・・131

　（1）乱調現象・・・131

　（2）乱調現象の対策 ・・・・・・・・・・・・・・・・・・・・・・・・・・・・・・・・・・・133

　（3）d 軸、ならびに q 軸ダンピングの構成例 ・・・・・・・・・・・・・・・134

　（4）実験結果・・・137

5.7　V/F 一定制御の N-T 特性 ・・・・・・・・・・・・・・・・・・・・・・・・・・・・140

第6章　ベクトル制御

6.1　等価回路モデルからのベクトル制御の導出・・・・・・・・・・・・・・・・・・・145

6.2　数式モデルからのベクトル制御の導出 ・・・・・・・・・・・・・・・・・・・・149

　（1）トルクの線形化・・・・・・・・・・・・・・・・・・・・・・・・・・・・・・・・・・・149

　（2）$\phi_{2q}=0$ の条件・・・・・・・・・・・・・・・・・・・・・・・・・・・・・・・・・・・149

6.3　ベクトル制御の構成と基本動作のシミュレーション ・・・・・・・・・・152

　（1）ベクトル制御の構成 ・・・・・・・・・・・・・・・・・・・・・・・・・・・・・・・152

（2）フィードバック制御ゲイン ・・・・・・・・・・・・・・・・・・・・・・・・・・・・・153

（3）シミュレーション波形 ・・・・・・・・・・・・・・・・・・・・・・・・・・・・・・155

6.4　ベクトル制御の実験Ⅰ・基本特性 ・・・・・・・・・・・・・・・・・・・・・157

（1）電流制御応答・・・・・・・・・・・・・・・・・・・・・・・・・・・・・・・・・・・・・157

（2）速度制御応答・・・・・・・・・・・・・・・・・・・・・・・・・・・・・・・・・・・・・158

（3）起動時の波形・・・・・・・・・・・・・・・・・・・・・・・・・・・・・・・・・・・・・159

（4）負荷外乱応答波形 ・・・・・・・・・・・・・・・・・・・・・・・・・・・・・・・・・160

（5）ベクトル制御における N-T 特性 ・・・・・・・・・・・・・・・・・・・・・162

6.5　ベクトル制御の実験Ⅱ・問題点や改善策 ・・・・・・・・・・・・・・・163

（1）2次時定数の設定値 ・・・・・・・・・・・・・・・・・・・・・・・・・・・・・・・163

（2）電流制御の非干渉補償 ・・・・・・・・・・・・・・・・・・・・・・・・・・・・・165

（3）すべり演算器の改良 ・・・・・・・・・・・・・・・・・・・・・・・・・・・・・・・170

第7章　センサレスベクトル制御

7.1　センサレスベクトル制御のメリット、デメリット ・・・・・・・・・・・・177

（1）速度センサレス化のメリット ・・・・・・・・・・・・・・・・・・・・・・・・177

（2）速度センサレス化のデメリット ・・・・・・・・・・・・・・・・・・・・・・178

7.2　速度推定原理と制御構成 ・・・・・・・・・・・・・・・・・・・・・・・・・・・・181

7.3　センサレスベクトル制御の動作試験 ・・・・・・・・・・・・・・・・・・・185

（1）速度制御応答、起動時の波形 ・・・・・・・・・・・・・・・・・・・・・・・185

（2）負荷外乱応答波形 ・・・・・・・・・・・・・・・・・・・・・・・・・・・・・・・・・186

（3）N-T 特性 ・・187

7.4　センサレスベクトル制御の不安定現象 ・・・・・・・・・・・・・・・・・189

7.5　ϕ_{2q} を抑制するための補償方法・・・・・・・・・・・・・・・・・・・・・・・・192

7.6　E_d 制御器（ϕ_{2q} 抑制）の試験結果 ・・・・・・・・・・・・・・・・・・・196

第8章　その他の誘導モータの制御

8.1　q軸電流制御型の速度推定方式　・・・・・・・・・・・・・・・・・・・・・203

8.2　簡易型センサレスベクトル制御方式　・・・・・・・・・・・・・・・・・・206

（1）簡易型センサレスベクトル制御の原理　・・・・・・・・・・・・・・・206

（2）シミュレーション結果　・・・・・・・・・・・・・・・・・・・・・・・・209

8.3　0Hzセンサレスベクトル制御方式　・・・・・・・・・・・・・・・・・・211

（1）低速域におけるセンサレスベクトル制御の特性・・・・・・・・・・・・・211

（2）0Hzセンサレスベクトル制御の構成　・・・・・・・・・・・・・・・212

（3）0Hzセンサレスベクトル制御のトルク発生原理・・・・・・・・・・・214

8.4　誘導モータの定数自動計測　・・・・・・・・・・・・・・・・・・・・・218

（1）誘導電動機の定数測定法　・・・・・・・・・・・・・・・・・・・・・・218

（2）R、Lの算出方法　・・・・・・・・・・・・・・・・・・・・・・・・・222

（3）誘導モータのオートチューニング機能・・・・・・・・・・・・・・・・・223

付録

（1）座標変換式・・・・・・・・・・・・・・・・・・・・・・・・・・・・・・・・・・・・229

（2）実験装置・・・・・・・・・・・・・・・・・・・・・・・・・・・・・・・・・・・・・232

参考文献 ・・・・・・・・・・・・・・・・・・・・・・・・・・・・・・・・・・・・・235

あとがき ・・・・・・・・・・・・・・・・・・・・・・・・・・・・・・・・・・・・237

索引 ・・・・・・・・・・・・・・・・・・・・・・・・・・・・・・・・・・・・・・・240

第1章

モータ・ドライブの基礎

本章では、電磁力を利用した"モータ"の一般的な特徴として、直流モータと永久磁石同期モータを例に解説し、誘導モータの特異性についての概要を述べます。

1.1　回転機の特徴

(1) モータのトルク発生原理

　「電磁力」の発生原理は、イギリスの物理学者・電気技術者であるジョン・フレミングによって、1884年頃に発表された「フレミングの左手の法則」がよく知られています（図1-1）。磁界中に置かれた導体に電流を流すと、その導体自体に力が働きます。逆に磁界中に置かれた導体を動

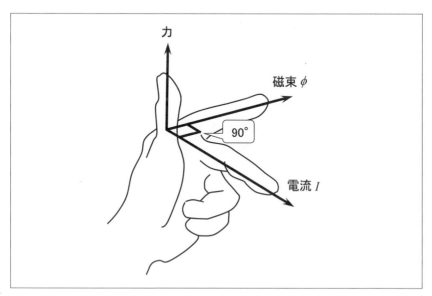

〔図1-1〕フレミング左手の法則

かすと、その導体には電流が発生します（フレミング右手の法則）。これら、フレミングの左手、右手の法則は、エネルギーの向きが逆向きの現象であり、物理的にはひとつの法則と捉えることもできます。

フレミングの左手の法則は、図1-1に示すように、磁束と電流の「外積」が力として作用することを意味しています。外積が最大になるのは、磁束と電流の角度が90°のときですので、この90°を維持したまま、電流の大きさを変化させれば、電流に比例したトルクを無駄なく発生することができます。図1-2のように、所望のトルクに応じて、電流の大きさを変えることで、発生トルクを電流に比例させること（線形化できること）がわかります。この「トルクの線形化」は、モータを様々な用途に応用する上で、極めて重要な性質になります。

図1-3に、ブラシ付き直流モータの原理図を示します（直流モータはブラシ付きが一般的であるので、この後は単に「直流モータ」と略します）。直流モータでは、主磁束を作る永久磁石がモータの固定子側に配置されており、この固定磁石の磁束に対して、コイルを形成する導体が直交方向に配置されています。このコイルに電流を流すことで、フレミング左手の法則に従って回転力が発生します。図1-3では、1ターンの

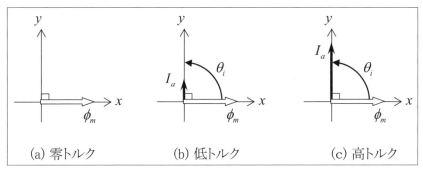

〔図1-2〕トルクは「電流×磁束」

コイルが描かれていますが、実際には複数巻のコイルが複数個配置されており、回転しながらブラシと整流子を介して、コイルを切り替えて、常に回転力を得ています。

図 1-4(a) に、実際の構造に近い直流モータの断面図を示します。固定子には永久磁石が配置され、回転子は 3 つのコイルで作られています。これら 3 つのコイルは、回転することでブラシと整流子を介して自然に切り替わるように動作しています。

直流モータの回転子と固定子を入れ替えた構造のモータが、図 1-4(b) の永久磁石同期モータです。この構造のモータは、ブラシレス DC モータと呼ばれているモータと構造的には同じものであり、回転子に取り付けられた永久磁石が主磁束を発生し、固定子の巻線の電流によって回転力を得る仕組みになっています。直流モータと違い、主磁束を生成する永久磁石が回転しますので、その回転子の回転角度に応じて、通電する

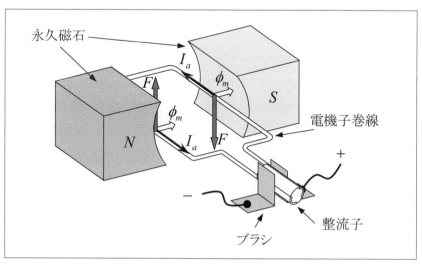

〔図 1-3〕ブラシ付直流モータの原理

コイルを切り替える必要があります。よって、永久磁石モータの制御則（トルクを発生させるための制御）はかなり複雑になります。回転子の主磁束がどの方向にあるのかをセンサ（回転角度センサ）で確認し、その角度のときにどの相に電流を流せば効率よくトルクが発生するかを判断する必要があります。

　これら磁束と電流の大きさと方向を、直交座標軸である $\alpha\beta$ 座標で記載すると、図1-5のようになります。図1-4(b)における磁石の生成する主磁束 ϕ の角度は、任意の角度 θ_m を取ることができます。また、固定子巻線の電流 I も、3つのコイルに電流を配分することで、任意の位相 θ_i の角度に合成電流を流すことができます。このときのモータの発生トルク T_m は、

$$T_m = I \times \phi \quad\cdots\cdots\cdots\cdots\cdots\cdots\cdots\cdots\cdots\cdots\cdots\cdots (1\text{-}1)$$

となります。I と ϕ をそれぞれ α、β 軸成分に分解すると、式(1-1)は、

$$T_m = I_\beta \phi_\alpha - I_\alpha \phi_\beta \quad\cdots\cdots\cdots\cdots\cdots\cdots\cdots\cdots\cdots\cdots (1\text{-}2)$$

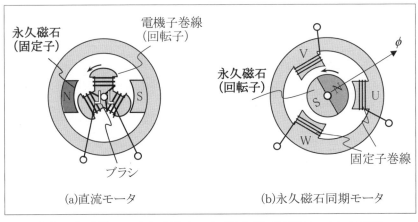

〔図1-4〕直流モータと交流モータ（永久磁石同期モータ）の構造

と表すことができます（図1-5）。永久磁石同期モータに限らず、交流モータの基本的なトルク発生式は、式(1-2)となります。式(1-2)のϕ_α、ϕ_β、I_α、I_βは、回転子の位相角に応じて変化する交流量になりますので、式(1-2)に従ってトルクを線形化することは容易でないことがわかります。これが交流モータの制御を複雑にしている要因といえます。

交流モータの制御では、この複雑さを解決するため、図1-5のαβ座標とは別の回転座標「dq座標」を導入します（図1-6）。dq座標を、回転する磁束ϕと、同じ方向、同じ速度で回転する座標と定義します。こ

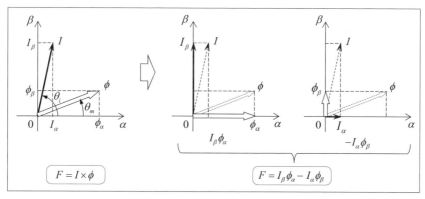

〔図1-5〕直交座標（固定座標）上でのモータトルク

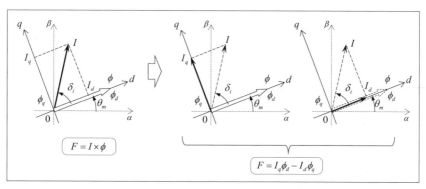

〔図1-6〕直交座標（回転座標）上でのモータトルク

第1章 モータ・ドライブの基礎

の座標上で観測される磁束 ϕ_d、ϕ_q と電流 I_d、I_q を用いてトルクを表すと、

$$T_m = I_q \phi_d - I_d \phi_q \quad \cdots\cdots\cdots\cdots\cdots\cdots\cdots\cdots\cdots\cdots\cdots\cdots\cdots (1\text{-}3)$$

となります。このときのd、q各軸成分は、回転子と同じ速度で回転する座標上の値であるので、直流量に変換されています。さらに、d軸を磁束 ϕ の方向に一致させると、q軸磁束 ϕ_q が零になりますので、

$$T_m = I_q \phi_d \quad \cdots\cdots\cdots\cdots\cdots\cdots\cdots\cdots\cdots\cdots\cdots\cdots\cdots\cdots\cdots (1\text{-}4)$$

と表すことができます。式(1-4)において、ϕ_d が一定であれば、トルクは I_q に比例することになり、トルクの線形化が実現できます。これが交流モータのトルク制御（ベクトル制御）の基本的な原理になります。交流モータに対してトルク制御を行うには、

　①回転子の位置（主磁束の位置）の情報（センシング）、

　②回転子の位置に基づく「回転座標変換処理」、

が最低限必要であることがわかります。

（2）回転機の宿命「逆起電力（速度起電圧）」

　モータの種類に拘わらず、回転機共通の物理的な特徴として「逆起電力（速度起電圧）」がモータ内部に発生するという性質があります。これは、回転子の回転運動によって、巻線への磁束鎖交数が変化するためであり、回転機の宿命的なものといえます。逆に言えば、逆起電力が発生するものが「回転機」であるといえます。

　図1-7を用いて、逆起電力の原理である電磁誘導現象を説明します。図1-7(a)では、棒磁石がコイルの近傍においてあり、コイルは静磁場に

－ 8 －

よる磁界の中に配置されています。コイルの両端には電圧計が接続されています。図1-7(a)の状態では、電圧計の針が振れることはありません。これは、磁界が静磁場であり、コイルへの鎖交磁束に変化がないためです。

同図(b)では、棒磁石を左から右へ移動させています。この際、コイルに鎖交する磁束数が変化します。その結果、電磁誘導による起電圧がコイルに発生し、電圧計の針が振れます。逆に、同図(c)のように、永久磁石を固定しておき、コイルの方を右から左へ動かしても、電圧計の針が振れます。この場合も、コイルに鎖交する磁束が変化したために、電磁誘導によって起電圧が発生します。

図1-4に示した直流モータ、ならびに永久磁石同期モータは、回転子

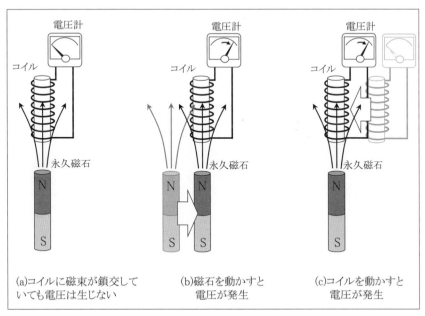

〔図1-7〕モータの中での電磁誘導

の回転によって、どちらもコイルの磁束鎖交数が変化します。この結果、図 1-7 と同様に電磁誘導による起電力が発生します。

(3) 回転数と速度起電圧の関係

　逆起電力（速度起電圧）について、もう少し詳しく現象をみていきます。
　図 1-8 は、直流モータの等価回路と、速度起電圧特性を示しています。直流モータを回路モデルで表現すると、この図 1-8(a) のように表すことができます。モータへの印加電圧 V_a に対して、直流モータは巻線のインダクタンス L と、巻線抵抗 R と、速度起電圧 E_m の直列回路とみなすことができます。実際のモータは、鉄とコイルの固まりであり、モータ内部に図のような「電池」は存在しませんが、まるで電池が存在するかのような動作を示すため、このような等価回路で表現しています。
　この「電池」に相当する電圧 E_m は、巻線への磁束鎖交数 ϕ_m と回転速度 ω_r の積になります。永久磁石を用いた直流モータでは、磁束鎖交数

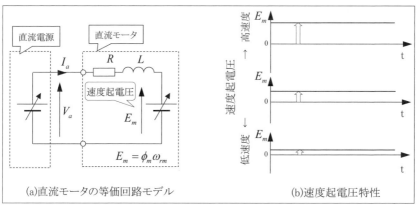

〔図 1-8〕直流モータの速度起電圧

は一定値とみなすことができますので、E_m は回転速度 ω_r に比例して発生することになります。

よって、速度起電圧は、図1-8(b) のように、回転速度に比例した一定の直流電圧になります。

図1-9 には、永久磁石同期モータの1相分の等価回路と、速度起電圧を示します。永久磁石同期モータでは、永久磁石が回転することで、各相の巻線に磁束変化を与えます。この結果、速度起電圧は同図(b) のように交流波形になります。また、その交流の周波数は回転速度に一致し、振幅は回転速度に比例することになります。図のように、回転速度が高くなるほど、その周波数は高速になり、また電圧の振幅も増加します。これを「制御」の視点で考えますと、直流モータと大きく異なり、速度起電圧の「周波数」、「位相」、「振幅」という変化を取り扱う必要があり、制御の難しさが増すことは想像できるかと思います。

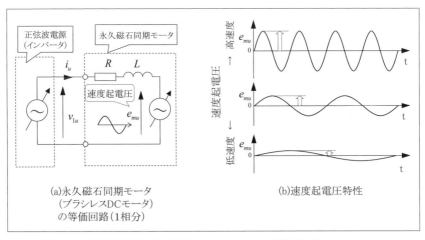

〔図1-9〕永久磁石同期モータの速度起電圧

第1章 モータ・ドライブの基礎

1.2 各種モータの中の誘導モータ

(1) モータの分類

　これまで述べた直流モータ、永久磁石同期モータの構造を図1-10にまとめます。図では、主磁束として永久磁石の代わりに、電磁石を用いたものも合わせて記載しました。

①主磁束が固定されているモータ

　直流モータでは、主磁束を永久磁石で作る場合も、電磁石で作る場合にも、それらは固定されており、電機子巻線が回転することになります。電機子巻線はブラシと整流子によって切り替えられ、回転力を得ることができます。

②主磁束が回転するモータ

　交流モータ（同期モータ）では、主磁束が回転子側にあり、固定子の巻線電流によって回転力を得ます。巻線界磁型同期モータの場合にも、主磁束に電磁石が使用され、この主磁束と固定子巻線の電流によって回転力を得ます。尚、巻線界磁型同期モータの場合には、回転子に直流電流を供給する必要があり、スリップリングを介して電源を供給します。このスリップリング部分は消耗品になります。

　図1-10に示すように、主磁束の作り方と、主磁束が回転するのか、しないのかによって、モータはきれいに分類されることがわかります。しかし、この図の中に本書のテーマである誘導モータが存在しないこと

- 12 -

になります。

（2）誘導モータは「変圧器」が回っているモータ

　図1-11に、誘導モータの構造と、回路モデルを示します。誘導モータは、回転子に2次巻線が巻かれており、構造的には巻線界磁型同期モータに似ています。これとの違いは、2次巻線に直接電力を供給していないことです。回転子の2次巻線は短絡された状態になっています。

　誘導モータの回転原理は、図1-10の他のモータとは大きく異なります。詳細は第2章で説明しますが、固定子巻線に交流電流を流し、その

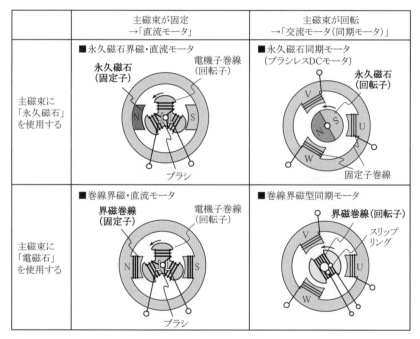

〔図1-10〕主磁束の選び方でモータの構造が決まる

第1章 モータ・ドライブの基礎

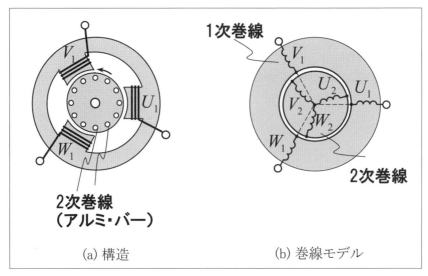

〔図1-11〕誘導モータの構造と巻線モデル

交流電流によって2次側に電流を励磁させます。これは「変圧器」の原理に基づくものであり、モータであると同時に変圧器の特徴を備えていることになります。変圧器動作によって2次巻線に主磁束を生じさせ、同時に固定子巻線の電流の一部でトルクを生成します。よって、固定子巻線の電流には、主磁束を生成するための電流と、トルクを発生させるための電流が混在して流れることになります。考えただけでも複雑そうな話ですが、実際にそのような関係を保ちながら、回転力を得ています。

(3) 各種モータの比較

表1-1に各種モータの比較を示します。
現在、EVなどでは永久磁石同期モータが主流となりつつあります。永久磁石同期モータは、小型・高効率という点では、間違いなく誘導モー

〔表 1-1〕各種モータの比較

	直流モータ	交流モータ	
		永久磁石同期モータ	誘導モータ
主磁束	固定子の永久磁石	回転子の永久磁石	固定子巻線電流
トルク電流	回転子の電機子電流	固定子の巻線電流	
長所	①電圧駆動で安定に動作 ②電流制御によって、トルクの制御が可能	①小型 ②高効率 ③メンテナンスフリー ④構造の自由度が高い	①堅牢、メンテナンスフリー ②減磁の心配は不要 ③界磁（主磁束）の制御が可能 ④直入れ駆動（インバータなし駆動）が可能 ⑤コギングトルクはない
短所	①ブラシが摩耗するため、メンテナンスが必要 ②構造が大きくなる	①モータ自体は不安定であり、インバータによる制御が必須 ②不可逆減磁に注意 ③主磁束は変えられない ④設計によってコギングトルクが問題になる	①永久磁石同期モータより、効率は低い ②永久磁石同期モータよりもサイズが大きくなる ③永久磁石同期モータほどの構造の自由度はない

タよりも優れているといえます。また、あまり注目されていませんが「構造の自由度が高い」という点も永久磁石同期モータの大きなメリットといえます。回転子の主磁束として永久磁石を用いることで、扁平なモータや細長いモータなど、自由な形状のモータを設計することが可能となっています。また、固定子巻線の構造も、1つのスロットに1つの相を集中して巻き込む「集中巻」などを選択することができ、銅損の低減に寄与しています。

　一方の誘導モータは、原理的に「変圧器」の機能を持たせる必要があるため、あまり突拍子もない構造にすることができません。2次巻線との結合係数を確保する必要があるため、構造の制約がかなりあります。例えば、固定子巻線を集中巻にした誘導モータは見たことがありません。ほとんどすべてが「分布巻」という巻き方になっています。これは、集中巻の場合に、モータ内部にきれいな回転磁界を生成するのが難しいた

－ 15 －

🔖 第1章 モータ・ドライブの基礎

めだと考えられます。

　しかし、誘導モータ独自のメリットもたくさんあります。まず永久磁石がないことにより、不可逆減磁の心配は全くありません。その結果、多少乱暴な扱い（過大な電流を流してしまうなど）をしてもなかなか壊れない、極めて堅牢な回転機になっています。また永久磁石がないことで、コギングトルクのようなモータ自体が発生するトルク脈動は少なく、また、空転時のロストルクもありません。永久磁石モータの場合、磁石磁束が回転することで、無通電状態であっても少なからず鉄損が発生してしまいます。

（4）弱め界磁とは？

　図 1-10 において、下半分に"主磁束に「電磁石」を使用する"モータを記載しました。主磁束として電磁石を用いるということは、そのための励磁電流を流す必要があり、損失の面では永久磁石による界磁方式に劣ることになります。しかし、永久磁石による磁束は調整ができませんが、界磁巻線を用いれば、励磁電流によって調整可能になります。

　トルクを線形に制御するためには、原則として主磁束 ϕ を一定にしておき、電流の値を変えることでトルクを線形化します。しかし、励磁電流を調整して、主磁束を変化させることのメリットもあります。

　図 1-12(a) は、主磁束 ϕ を一定として、回転数 ω（横軸）を変化させた場合のトルク T_m、モータ電圧 e_m、出力 P の関係を模式的に示したものです。トルク電流 i_m を一定に制御しているとすると、トルクも回転数に無関係に一定であり、出力 P は回転数に比例します。また、モータ電圧 e_m は回転数 ω に比例して上昇し、これに合わせて出力 P も上昇

- 16 -

します。ここで、モータを駆動する電源（インバータ）には、当然ですが出力限界がありますから、e_m がインバータの最大出力電圧に到達したところで最高回転数が制限されます。これ以上は電圧が不足しますので、これよりも高速に駆動することができません。

それに対して、同図(b)のように、磁束 ϕ を回転速度 ω に反比例させて低減するとどうなるでしょう？主磁束 ϕ が低下すれば、当然、ト

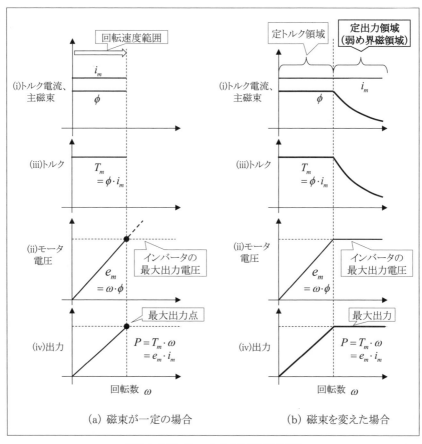

〔図 1-12〕モータの回転速度範囲

第1章 モータ・ドライブの基礎

ルク T_m は低下してしまいます。しかし、モータ電圧 e_m は、ϕ が低下したことで上昇せず、最大電圧に維持することができます。つまり、トルクは犠牲になるものの、回転数を上昇させることが可能になります。この領域を「弱め界磁」といい、モータ・ドライブの世界ではよく用いられる手法です。また、このとき、モータの出力 P は一定になることから、「定出力領域」と呼ぶこともあります。これに対して主磁束 ϕ を一定にしている領域を「定トルク領域」と呼びます。

この定出力領域をうまく利用しているシステムに、鉄道電気車や、電気自動車があります。これらの「移動体」は、一旦加速してしまうと、ほとんど慣性で進みますので、トルクは少なくてすみます。そのような条件では「弱め界磁」を行うことで、より高速駆動が可能になります。

この「弱め界磁」は、誘導モータのもっとも得意とするところといえます。誘導モータは、1次巻線の3本の配線しかありませんが、その3本を使って、トルク電流と励磁電流を個別に制御できるのです。よって、定トルク領域から、定出力領域までを自在にカバーすることができます。巻線界磁型同期電動機のように、界磁巻線用の電源を用意する必要はありません。

尚、この弱め界磁の考え方は、もちろん永久磁石同期モータにも応用できますが、永久磁石磁束を打ち消す方向に励磁電流を流す必要があり、モータによっては大きな損失になる可能性があります。現在、電気自動車などでは、永久磁石同期モータの応用が広がっていますが、この弱め界磁域の設計は、車体の特性や走行パターンなどを考えた上で設計する必要があり、かなりのノウハウが必要な難しいものになります。

- 18 -

1.3 モータの機械出力と電力の関係

　本節では、物理現象の基本として、モータの出力（パワー / 仕事率）やトルクについてまとめておきたいと思います。

　物体や回転体を動かすときの仕事率（パワー）について、図 1-13 を用いて説明します。図 1-13(a) のように、ある物体を力 $f[N]$ で動かすことを考えてみます。このとき、物体が動かなければ、いくら力を加えても出力は零です。物体が一定速度 $v[m/s]$ で動いたとしたら、このときの力 f と速度 v の積が仕事率 $P[W]$ となります。つまり、

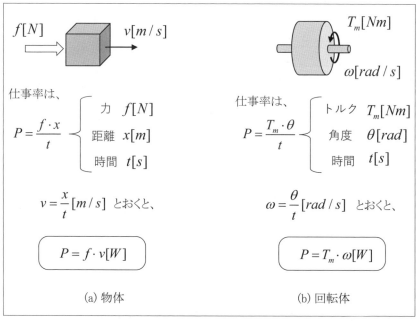

〔図 1-13〕物体ならびに回転体を動かすためのパワー（仕事率）

第1章 モータ・ドライブの基礎

$$P = f \cdot v \qquad \cdots\cdots\cdots\cdots\cdots\cdots\cdots\cdots\cdots\cdots\cdots\cdots\cdots\cdots\cdots (1\text{-}5)$$

であり、速度 v がいくら大きくても、力 f が零であれば、仕事率 P は零になります。

　回転体の場合も同様に、仕事率 P は、トルク T_m と回転角速度 ω の積になります。

$$P = T_m \cdot \omega \qquad \cdots\cdots\cdots\cdots\cdots\cdots\cdots\cdots\cdots\cdots\cdots\cdots\cdots (1\text{-}6)$$

　回転体においても、仕事率は、トルク T_m と回転角速度 ω との取り合いになり、どちらかが零であれば仕事はしていないことになります。例えば、モータが高速で回転していても、トルクが零であればパワーを消費していないことになります。

　また、モータの場合、一般的に回転角速度 ω と速度起電圧 e_m は、磁束鎖交数 ϕ を介して、

$$e_m = \phi \cdot \omega \qquad \cdots\cdots\cdots\cdots\cdots\cdots\cdots\cdots\cdots\cdots\cdots\cdots\cdots (1\text{-}7)$$

と表され、またトルク T_m と電流 i_m の関係も、

$$T_m = \phi \cdot i_m \qquad \cdots\cdots\cdots\cdots\cdots\cdots\cdots\cdots\cdots\cdots\cdots\cdots\cdots (1\text{-}8)$$

と表すことができます。式 (1-7)、ならびに式 (1-8) を式 (1-6) に代入すると、

$$P = T_m \cdot \omega = \phi \cdot i_m \times \frac{e_m}{\phi} = i_m \cdot e_m \qquad \cdots\cdots\cdots\cdots\cdots\cdots\cdots (1\text{-}9)$$

となり、機械と電気のパワーが等式で結ばれることになります。式 (1-9) が、電気と機械のエネルギーを結ぶ最も基本的な関係式といえます。

- 20 -

式 (1-9) から、モータの設計においては、回転数とトルクが重要な設計仕様となり、同時にそれが電流、電圧仕様に結び付くことがわかります。

第1章 モータ・ドライブの基礎

1.4　モータの機械負荷

　モータは、その軸出力を使って何らかの仕事をするわけですが、回転速度に対して、どのようなトルクが必要となるのかは、システムによって様々です。しかし、定常的な負荷特性は大体定まっており、主に図1-14(a) 〜 (c) に示す３つのパターンになります。

（a）定トルク負荷

　回転数に関係なく、常に一定のトルクがかかる負荷であり、クレーンや昇降機などの重力を相手にするようなシステムの特性になります。基本的には停止状態からの高トルクが必要であり、ベクトル制御を用いて、停止状態からトルクをしっかり制御しなければなりません。

（b）定出力負荷

　大きな慣性体を動かす場合、最初のひと押しに大きな力が必要になります。特に可動部に「摩擦」がある場合は、その摩擦力に打ち勝つだけのトルクが必要ですが、一旦動き出すと慣性力で動き続けますので、定常的には「風損」のような小さな負荷になります（もちろん、高速になると風損もばかになりませんが）。このような負荷を定出力負荷といい、図 1-12(b) に示した「弱め界磁」と相性のよい特性になります。

（c）二乗逓減負荷

　インバータの使用用途として、非常に多いものがファンやポンプの可変速駆動ですが、このような用途の負荷トルクは回転数の２乗に比例し

－ 22 －

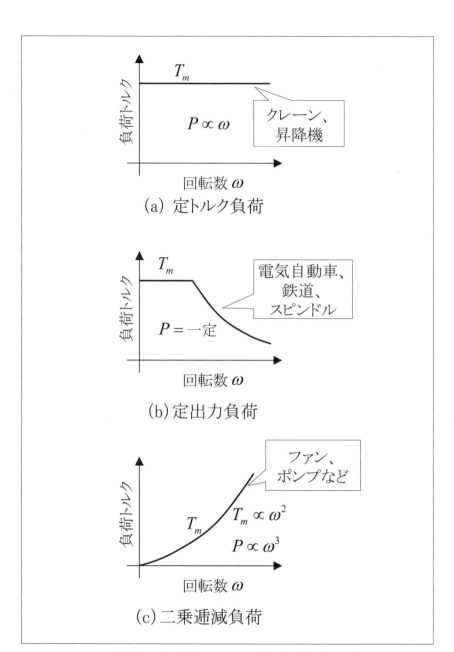

〔図 1-14〕モータにつながる機械負荷の定常特性

第1章 モータ・ドライブの基礎

て変化します。これを二乗逓減負荷といいます。出力は回転数とトルクの積ですので、消費電力は回転数の3乗に比例して増加することになります。つまり、ファンやポンプの場合、90%に速度を落とせば、消費電力は73%にまで下がることになり（90%の3乗→72.9%）、省エネ効果が絶大なものになります。インバータによる省エネ化が効果的に実現できる負荷といえます。

　また、始動時のトルクは小さいので、第5章のV/F一定制御や、第7章のセンサレスベクトル制御など、低速域の高トルク化に課題のある駆動方法にもマッチングの取りやすいシステムといえます。

コラム：細長い誘導モータ

　モータ自体も慣性体ですので、高加速を得るには細長い形状の方がイナーシャが小さく、有利になります。"ACサーボモータ"では、高加減速特性を得るためには「低慣性」であることが売りにもなります。なので、細長いモータというものもあります。

　ところが、誘導モータは低慣性化すると（つまり、細長くしてしまうと）、効率が著しく低下してしまいます。なぜでしょうか？

　誘導モータには、回転子側に2次巻線がありますが、実際の巻線の形状はアルミ（あるいは銅）などの棒状のものになります。これを細長い回転子に挿入するとなると、どうしても長さに比例して抵抗値が大きくなります。つまり、2次抵抗値が大きくなり"高すべり化"してしまい、効率が低下してしまいます。ですので、細長い形状の誘導モータは自然淘汰されて、見かけることはほとんどありません。標準誘導モータは、どのメーカのものも丸っこい形状をしています。

　これに対して、永久磁石同期モータは、回転子にはコイルがなく、永久磁石によって初めから磁界がありますので、どんな形状でもOKです。扁平なモータ、細長いモータなど、設計の自由度は格段に広がります。が、あまり突拍子もない形状にしてしまうと、電気特性も突拍子のないものになり、制御する技術者の方が泣きたくなる場合もあります。その点、誘導モータは、大概は常識的な範囲の電気特性になります。そういう意味では、誘導モータの方は想定内の特性のものが多く、制御技術者は冷や汗をかかずにすみます。

第2章

誘導モータの数式モデル

本章では、誘導モータの原理、回路モデルを示し、制御やシミュレーションに必須となる数式モデルの導出を行います。

2.1　アラゴの円盤

　誘導モータの原型である"アラゴの円盤"は、1824年にフランスの物理学者フランソワ・アラゴによって発見されました（図2-1）。回転可能なアルミの円盤において、U字磁石で円盤を挟むようにして磁石を回転させると、非磁性体（アルミ）の金属の円盤が、この磁石に引っ張られるように回転する現象をアラゴの円盤と言います。

　図2-1に示すように、U字磁石を動かすことで、導体（アルミ）上の磁束が変化するため、誘導電流がアルミ板に発生します。これは発電機の原理である、フレミング右手の法則に基づいています。この誘導電流が流れることで、電流とU字磁石との間に吸引力が発生し、U字磁石の動く方向にアルミ板が回転します。これが誘導モータの回転原理です。この現象は、ファラデーの電磁誘導が発見される以前のものであり、このあとの電気磁気学へ大きな影響を与えています。

－ 29 －

◻ 第2章 誘導モータの数式モデル

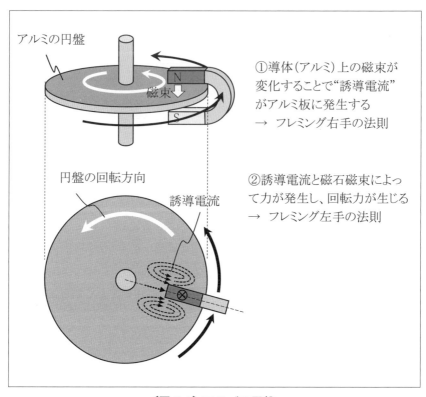

〔図 2-1〕アラゴの円盤

2.2　誘導モータの回転原理

　アラゴの円盤を、実際にどのように誘導モータへ応用したのかを説明します。図2-2は、誘導モータの1次回路（固定子巻線）のみを示したものであり、三相の各巻線に三相交流電流を流すことを考えます。三相交流は、位相がお互いに120度ずつずれた3つの交流電流です。誘導モータは、3つの固定子巻線がそれぞれ物理的に120度の角度差を持って配置された構造となっています。この120度ずれて配置された巻線に、120度の位相差を持つ交流電流を流すことになります。

　今、各相の電流値に応じて、誘導モータ内部に磁束が発生するものと

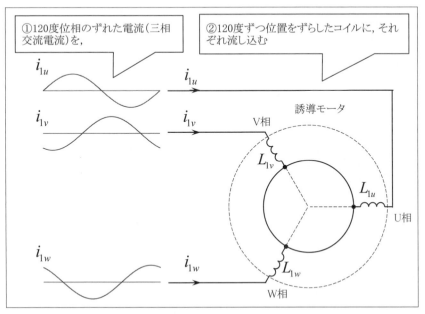

〔図2-2〕誘導モータの1次回路モデル

します。ここで、電流が「正」のときには、モータの中心から外側へ向かう磁束、「負」のときは、外側から中心へ向かう磁束が発生するものとします。

図2-3に示すように、電流の位相が0である場合、V相の電流は「正」、W相の電流はそれと同じ大きさの「負」、U相は零となっています。この瞬間、V相とW相には、図2-3(a)に示す ϕ_{1v}、ϕ_{1w} の磁束が発生して

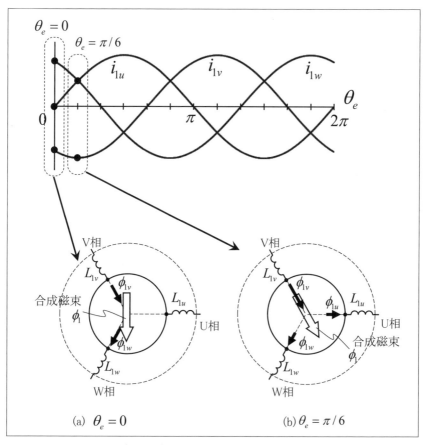

〔図2-3〕1次回路の合成磁束の例

います（ϕ_{1u} は零）。これらモータ内部の磁束は大きさと方向を持ち、ベクトルとして合成され、図の合成磁束 ϕ_1 となります。次に、時間が経過して、電流位相が $\pi/6$ となった場合には、U 相と V 相の電流は「正」の同じ値となり、W 相の電流だけ「負」のピーク値となります。この結果、合成磁束 ϕ_1 は、同図 (b) のような向きになります。

図 2-3(a) と (b) を比べると、電流位相が $\pi/6$ 変化したことで、合成磁束 ϕ_1 が、反時計方向に $\pi/6$ だけ回転していることがわかります。

図 2-4 に、これら 1 次側巻線に三相交流を流した場合の合成磁束 ϕ_1 の動きを示します。この図のように、三相交流を用いることで、モータ内部に「回転磁界」を生成することができます。これは、アラゴの円盤における U 字磁石による磁束変化と同様の磁束変化を、モータ内部に電気的に生成していることになります。よって、この回転磁界の中心にアルミなどの導体の回転体をおけば、アラゴの円盤と同様に回転させる

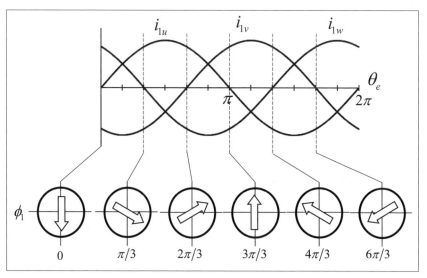

〔図 2-4〕1 次回路で作成される回転磁界

第2章 誘導モータの数式モデル

ことができます。これが誘導モータの回転原理です。よって、誘導モータを回転させるには、モータの内部に回転磁界を生成させることが重要であることがわかります。

2.3 数式モデル

誘導モータの回路モデル（図2-5～2-7）を用いて、数式モデルを導出します。

（1）三相モデル

図2-5は、誘導モータの2次回路を含めた三相モデル（インダクタンスのみ図示）です。固定子側の巻線（1次巻線）と、回転子側に巻線（2次巻線）があり、それぞれインダクタンスを L_1'、L_2' とします。また、2次巻線は短絡回路を形成しており、1次巻線と2次巻線の位相差は θ_{re} とします。これら1次、2次の巻線間には、位相差 θ_{re} によって変化する相互インダクタンスがあり、$M'\cos\theta_{re}$ とします。

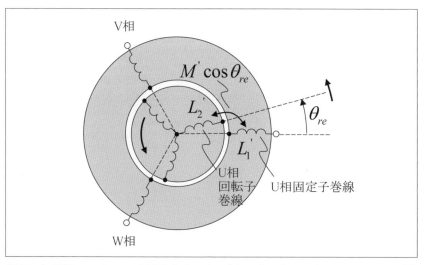

〔図2-5〕誘導モータの2次回路を含めた三相モデル（インダクタンスのみ記載）

第2章　誘導モータの数式モデル

　また、三相の固定子巻線、ならびに回転子巻線同士にも相互インダクタンスが存在し、各相間には120度の角度差があることから、$M'\cos(2\pi/3)$、つまり、$-M'/2$ となります。これらと、各巻線の抵抗値（1次巻線抵抗 R_1、2次巻線抵抗 R_2）を考慮して数式で表すと、式(2-1)となります。

$$
\begin{bmatrix} v_{1u} \\ v_{1v} \\ v_{1w} \\ 0 \\ 0 \\ 0 \end{bmatrix} =
\begin{bmatrix}
R_1 + pL_1' & -p\dfrac{M'}{2} & -p\dfrac{M'}{2} \\[2mm]
-p\dfrac{M'}{2} & R_1 + pL_1' & -p\dfrac{M'}{2} \\[2mm]
-p\dfrac{M'}{2} & -p\dfrac{M'}{2} & R_1 + pL_1' \\[2mm]
pM'\cos\theta_{re} & pM'\cos\left(\theta_{re} - \dfrac{2\pi}{3}\right) & pM'\cos\left(\theta_{re} + \dfrac{2\pi}{3}\right) \\[2mm]
pM'\cos\left(\theta_{re} + \dfrac{2\pi}{3}\right) & pM'\cos\theta_{re} & pM'\cos\left(\theta_{re} - \dfrac{2\pi}{3}\right) \\[2mm]
pM'\cos\left(\theta_{re} - \dfrac{2\pi}{3}\right) & pM'\cos\left(\theta_{re} + \dfrac{2\pi}{3}\right) & pM'\cos\theta_{re}
\end{bmatrix}
$$

$$
\begin{bmatrix}
pM'\cos\theta_{re} & pM'\cos\left(\theta_{re} + \dfrac{2\pi}{3}\right) & pM'\cos\left(\theta_{re} - \dfrac{2\pi}{3}\right) \\[2mm]
pM'\cos\left(\theta_{re} - \dfrac{2\pi}{3}\right) & pM'\cos\theta_{re} & pM'\cos\left(\theta_{re} + \dfrac{2\pi}{3}\right) \\[2mm]
pM'\cos\left(\theta_{re} + \dfrac{2\pi}{3}\right) & pM'\cos\left(\theta_{re} - \dfrac{2\pi}{3}\right) & pM'\cos\theta_{re} \\[2mm]
R_2 + pL_2' & -p\dfrac{M'}{2} & -p\dfrac{M'}{2} \\[2mm]
-p\dfrac{M'}{2} & R_2 + pL_2' & -p\dfrac{M'}{2} \\[2mm]
-p\dfrac{M'}{2} & -p\dfrac{M'}{2} & R_2 + pL_2'
\end{bmatrix}
\begin{bmatrix} i_{1u} \\ i_{1v} \\ i_{1w} \\ i_{2u} \\ i_{2v} \\ i_{2w} \end{bmatrix}
$$

$$\cdots\cdots(2\text{-}1)$$

ここで、p は微分演算子 (d/dt) を表します。また、θ_{re} は、電気角に換算した回転子の位相角であり、回転速度（電気角換算）ω_{re} の積分として表すことができます。

$$\theta_{re} = \int \omega_{re} dt \quad \cdots\cdots\cdots\cdots\cdots\cdots\cdots\cdots\cdots\cdots\cdots\cdots\cdots\cdots\cdots (2\text{-}2)$$

尚、機械角周波数 ω_{rm} は、モータの極数 P を用いて、

$$\omega_{rm} = \omega_{re} \frac{2}{P} \quad \cdots\cdots\cdots\cdots\cdots\cdots\cdots\cdots\cdots\cdots\cdots\cdots\cdots\cdots (2\text{-}3)$$

と表すことができます。

（2）αβ軸モデル

ここで、三相交流を2軸の二相交流（αβ座標）へ変換します（図2-6）。三相誘導モータでは、三相電流の総和は零であり、電流の自由度

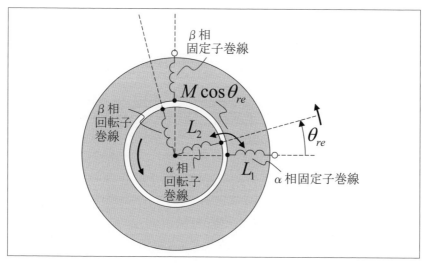

〔図2-6〕誘導モータのαβ軸二相交流モデル（インダクタンスのみ記載）

△ 第2章　誘導モータの数式モデル

は実質的に「2」です。つまり、2つの相の電流が決まれば、残りの1つの相の値は決まってしまいます。独立変数は2相分しかありません。よって、三相電流を二相に変換しても、相電流の情報の欠落はありません。また、2つの直交座標で表現することで、相間の独立性が保たれ、数式モデルとして扱いやすくなります。

　三相交流から、二相交流への変換は、以下の式(2-4)を用いることで実現できます。

$$
\begin{bmatrix} x_{1\alpha} \\ x_{1\beta} \\ x_{2\alpha} \\ x_{2\beta} \end{bmatrix} = \sqrt{\frac{2}{3}} \begin{bmatrix} 1 & -\dfrac{1}{2} & -\dfrac{1}{2} & 0 & 0 & 0 \\ 0 & \dfrac{\sqrt{3}}{2} & -\dfrac{\sqrt{3}}{2} & 0 & 0 & 0 \\ 0 & 0 & 0 & 1 & -\dfrac{1}{2} & -\dfrac{1}{2} \\ 0 & 0 & 0 & 0 & \dfrac{\sqrt{3}}{2} & -\dfrac{\sqrt{3}}{2} \end{bmatrix} \begin{bmatrix} x_{1u} \\ x_{1v} \\ x_{1w} \\ x_{2u} \\ x_{2v} \\ x_{2w} \end{bmatrix} \quad \cdots\cdots\cdots (2\text{-}4)
$$

　式(2-1)を式(2-4)を用いて変換すると、αβ軸上の誘導モータモデルが導出されます（式(2-5)）。尚、αβ軸は、α軸がU相巻線の方向に一致しており、β軸はα軸に対して90度進んだ直交関係にあります。

$$
\begin{bmatrix} v_{1\alpha} \\ v_{1\beta} \\ 0 \\ 0 \end{bmatrix} = \begin{bmatrix} R_1 + pL_1 & 0 & pM\cos\theta_{re} & -pM\sin\theta_{re} \\ 0 & R_1 + pL_1 & pM\sin\theta_{re} & pM\cos\theta_{re} \\ pM\cos\theta_{re} & pM\sin\theta_{re} & R_2 + pL_2 & 0 \\ -pM\sin\theta_{re} & pM\cos\theta_{re} & 0 & R_2 + pL_2 \end{bmatrix} \begin{bmatrix} i_{1\alpha} \\ i_{1\beta} \\ i_{2\alpha} \\ i_{2\beta} \end{bmatrix}
$$

$$\cdots\cdots (2\text{-}5)$$

　式(2-3)のM'と上式のMとの関係は、

$$
M = \frac{3}{2} M' \quad \cdots\cdots\cdots\cdots\cdots\cdots\cdots\cdots\cdots\cdots\cdots\cdots (2\text{-}6)
$$

－ 38 －

であり、また、L_1、L_2 は、それぞれの漏れインダクタンス ℓ_1、ℓ_2 を用いて、以下と表すことができます。

$$L_1 = l_1 + M$$
$$L_2 = l_2 + M \quad \text{...} \quad (2\text{-}7)$$

（3）dq軸モデル

次に、三相交流によって作り出される磁束軸を基準とした座標系であるdq座標を導入します（図2-7）。このdq座標は、三相交流によって生成される回転磁界に同期して回転しており、その位相は、式(2-8)となります。

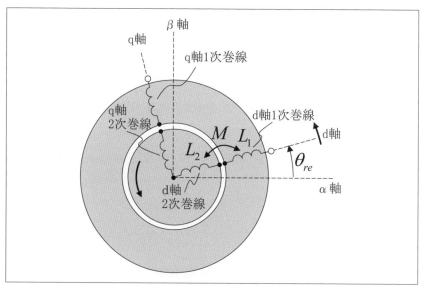

〔図2-7〕誘導モータのdq座標モデル（インダクタンスのみ記載）

第2章　誘導モータの数式モデル

$$\theta_d = \int \omega_1 dt \quad \cdots\cdots\cdots\cdots\cdots\cdots\cdots\cdots\cdots\cdots\cdots\cdots\cdots (2\text{-}8)$$

ここで、ω_1[rad/s] は、1 次側の交流の電気角周波数です。また、d 軸は α 軸（U 相巻線）を基準に、反時計回りを正回転として定義しています。

αβ 軸の数式モデルを dq 座標上に変換します。座標変換行列は、式 (2-9) で表すことができます。

$$\begin{bmatrix} x_{1d} \\ x_{1q} \\ x_{2d} \\ x_{2q} \end{bmatrix} = \begin{bmatrix} \cos\theta_d & \sin\theta_d & 0 & 0 \\ -\sin\theta_d & \cos\theta_d & 0 & 0 \\ 0 & 0 & \cos(\theta_d - \theta_{re}) & \sin(\theta_d - \theta_{re}) \\ 0 & 0 & -\sin(\theta_d - \theta_{re}) & \cos(\theta_d - \theta_{re}) \end{bmatrix} \begin{bmatrix} x_{1\alpha} \\ x_{1\beta} \\ x_{2\alpha} \\ x_{2\beta} \end{bmatrix}$$

$$\cdots\cdots (2\text{-}9)$$

式 (2-9) を用いて、式 (2-6) を座標変換すると、式 (2-10) となります。

$$\begin{bmatrix} v_{1d} \\ v_{1q} \\ 0 \\ 0 \end{bmatrix} = \begin{bmatrix} R_1 + pL_1 & -\omega_1 L_1 & pM & -\omega_1 M \\ \omega_1 L_1 & R_1 + pL_1 & \omega_1 M & pM \\ pM & -\omega_s M & R_2 + pL_2 & -\omega_s L_2 \\ \omega_s M & pM & \omega_s L_2 & R_2 + pL_2 \end{bmatrix} \begin{bmatrix} i_{1d} \\ i_{1q} \\ i_{2d} \\ i_{2q} \end{bmatrix} \cdots (2\text{-}10)$$

上式において、ω_s はすべり周波数であり、

$$\omega_s = \omega_1 - \omega_{re} \quad \cdots\cdots\cdots\cdots\cdots\cdots\cdots\cdots\cdots\cdots\cdots\cdots (2\text{-}11)$$

となります。

式 (2-10) によって、誘導モータの dq 座標モデルを表現していることなりますが、誘導モータのトルクの線形化を目的とするため、電流と磁束を状態変数とする方程式に変換します。一般的には、1 次電流（i_{1d}、

－ 40 －

i_{1q}）と 2 次磁束（ϕ_{2d}、ϕ_{2q}）を状態変数とする方程式を用いることが多いため、変数変換を行います。

式 (2-10) を展開して、以下の 4 式を得ます。

$$v_{1d} = (R_1 + pL_1)i_{1d} - \omega_1 L_1 i_{1q} + pMi_{2d} - \omega_1 Mi_{2q} \quad \cdots\cdots\cdots\cdots \text{(2-12)}$$

$$v_{1q} = \omega_1 L_1 i_{1d} + (R_1 + pL_1)i_{1q} + \omega_1 Mi_{2d} + pMi_{2q} \quad \cdots\cdots\cdots\cdots \text{(2-13)}$$

$$0 = pMi_{1d} - \omega_s Mi_{1q} + (R_2 + pL_2)i_{2d} - \omega_s L_2 i_{2q} \quad \cdots\cdots\cdots\cdots \text{(2-14)}$$

$$0 = \omega_s Mi_{1d} + pMi_{1q} - \omega_s L_2 i_{2d} + (R_2 + pL_2)i_{2q} \quad \cdots\cdots\cdots\cdots \text{(2-15)}$$

ここで、2 次磁束を状態変数として定義します。

$$\begin{aligned}\phi_{2d} &= Mi_{1d} + L_2 i_{2d} \\ \phi_{2q} &= Mi_{1q} + L_2 i_{2q}\end{aligned} \quad \cdots\cdots\cdots\cdots\cdots\cdots\cdots\cdots \text{(2-16)}$$

この結果、

$$i_{2d} = \frac{\phi_{2d} - Mi_{1d}}{L_2} \quad \cdots\cdots\cdots\cdots\cdots\cdots\cdots\cdots\cdots \text{(2-17)}$$

$$i_{2q} = \frac{\phi_{2q} - Mi_{1q}}{L_2} \quad \cdots\cdots\cdots\cdots\cdots\cdots\cdots\cdots\cdots \text{(2-18)}$$

であり、式 (2-12) に上式を代入して整理すると、式 (2-20) となります。

$$v_{1d} = (R_1 + pL_1)i_{1d} - \omega_1 L_1 i_{1q} + pM\frac{\phi_{2d} - Mi_{1d}}{L_2} - \omega_1 M\frac{\phi_{2q} - Mi_{1q}}{L_2}$$
$$\cdots\cdots \text{(2-19)}$$

$$v_{1d} = \left\{R_1 + p\left(L_1 - \frac{M^2}{L_2}\right)\right\}i_{1d} - \omega_1\left(L_1 - \frac{M^2}{L_2}\right)i_{1q} + p\frac{M}{L_2}\phi_{2d} - \omega_1\frac{M}{L_2}\phi_{2q}$$
$$\cdots\cdots \text{(2-20)}$$

ここで、漏れインダクタンス L_σ を、

－ 41 －

第2章 誘導モータの数式モデル

$$L_\sigma = L_1 - \frac{M^2}{L_2} \quad \cdots\cdots\cdots\cdots\cdots\cdots\cdots\cdots\cdots\cdots (2\text{-}21)$$

とすると、

$$v_{1d} = \left(R_1 + pL_\sigma\right)i_{1d} - \omega_1 L_\sigma i_{1q} + p\frac{M}{L_2}\phi_{2d} - \omega_1 \frac{M}{L_2}\phi_{2q} \quad \cdots\cdots (2\text{-}22)$$

となります。式 (2-13) の v_{1q} に関しても、同様にして以下の式が得られます。

$$v_{1q} = \omega_1 L_\sigma i_{1d} + \left(R_1 + pL_\sigma\right)i_{1q} + \omega_1 \frac{M}{L_2}\phi_{2d} + p\frac{M}{L_2}\phi_{2q} \quad \cdots\cdots (2\text{-}23)$$

また、式 (2-14)、(2-1) に対して、式 (2-17)、(2-18) を代入すると、以下の関係が得られます。

$$0 = -\frac{1}{T_2}Mi_{1d} + p\phi_{2d} + \frac{1}{T_2}\phi_{2d} - \omega_s\phi_{2q} \quad \cdots\cdots\cdots\cdots\cdots\cdots (2\text{-}24)$$

$$0 = -\frac{1}{T_2}Mi_{1q} + \omega_s\phi_{2d} + p\phi_{2q} + \frac{1}{T_2}\phi_{2q} \quad \cdots\cdots\cdots\cdots\cdots\cdots (2\text{-}25)$$

ここで、T_2 は誘導モータの 2 次時定数であり、

$$T_2 = \frac{L_2}{R_2} \quad \cdots\cdots\cdots\cdots\cdots\cdots\cdots\cdots\cdots\cdots\cdots\cdots (2\text{-}26)$$

です。式 (2-25) を、式 (2-22) に代入して整理すると、

$$v_{1d} = \left(R_1 + \frac{M^2}{L_2 T_2} + pL_\sigma\right)i_{1d} - \omega_1 L_\sigma i_{1q} - \frac{M}{L_2 T_2}\phi_{2d} - \left(\omega_1 - \omega_s\right)\frac{M}{L_2}\phi_{2q} \quad \cdots\cdots (2\text{-}27)$$

となります。ここで、以下に示す R_σ を導入します。

$$R_\sigma = R_1 + R_2' \quad \cdots\cdots\cdots\cdots\cdots\cdots\cdots\cdots\cdots\cdots (2\text{-}28)$$

$$R_2^{'} = \frac{M^2}{L_2^{\ 2}} R_2 \quad \cdots\cdots\cdots\cdots\cdots\cdots\cdots\cdots\cdots\cdots\cdots\cdots\cdots\cdots\cdots\cdots\cdots \text{(2-29)}$$

上式を式 (2-27) に代入すると、式 (2-30) が得られます。

$$v_{1d} = \left(R_\sigma + pL_\sigma \right) i_{1d} - \omega_1 L_\sigma i_{1q} - \frac{M}{L_2 T_2} \phi_{2d} - \left(\omega_1 - \omega_s \right) \frac{M}{L_2} \phi_{2q}$$
$$\cdots\cdots \text{(2-30)}$$

v_{1q} に関しても、式 (2-23) を用いて以下の式が得られます。

$$v_{1q} = \omega_1 L_\sigma i_{1d} + \left(R_\sigma + pL_\sigma \right) i_{1q} + \left(\omega_1 - \omega_s \right) \frac{M}{L_2} \phi_{2d} - \frac{M}{L_2 T_2} \phi_{2q}$$
$$\cdots\cdots \text{(2-31)}$$

ここまでの数式を整理すると以下となります。

$$pL_\sigma i_{1d} = -R_\sigma i_{1d} + \omega_1 L_\sigma i_{1q} + \frac{M}{L_2 T_2} \phi_{2d} + \left(\omega_1 - \omega_s \right) \frac{M}{L_2} \phi_{2q} + v_{1d}$$
$$\cdots\cdots \text{(2-32)}$$

$$pL_\sigma i_{1q} = -\omega_1 L_\sigma i_{1d} - R_\sigma i_{1q} - \left(\omega_1 - \omega_s \right) \frac{M}{L_2} \phi_{2d} + \frac{M}{L_2 T_2} \phi_{2q} + v_{1q}$$
$$\cdots\cdots \text{(2-33)}$$

$$pT_2 \phi_{2d} = Mi_{1d} - \phi_{2d} + \omega_s T_2 \phi_{2q} \quad \cdots\cdots\cdots\cdots\cdots\cdots\cdots\cdots\cdots \text{(2-34)}$$

$$pT_2 \phi_{2q} = Mi_{1q} - \omega_s T_2 \phi_{2d} - \phi_{2q} \quad \cdots\cdots\cdots\cdots\cdots\cdots\cdots\cdots\cdots \text{(2-35)}$$

上式において、

$$L_\sigma = L_1 - \frac{M^2}{L_2} \quad \cdots\cdots\cdots\cdots\cdots\cdots\cdots\cdots\cdots\cdots\cdots\cdots\cdots\cdots \text{(2-21)}$$

$$R_\sigma = R_1 + R_2^{'} \quad \cdots\cdots\cdots\cdots\cdots\cdots\cdots\cdots\cdots\cdots\cdots\cdots\cdots\cdots\cdots \text{(2-28)}$$

$-$ 43 $-$

🗎 第2章　誘導モータの数式モデル

$$R_2' = \frac{M^2}{L_2^2} R_2 \quad \cdots\cdots\cdots\cdots\cdots\cdots\cdots\cdots\cdots\cdots\cdots\cdots\cdots\cdots\cdots \text{(2-29)}$$

$$T_2 = \frac{L_2}{R_2} \quad \cdots\cdots\cdots\cdots\cdots\cdots\cdots\cdots\cdots\cdots\cdots\cdots\cdots\cdots\cdots\cdots \text{(2-26)}$$

となります。式 (2-32) 〜 (2-35) を、現代制御理論等で用いられる状態方程式（連立 1 次微分方程式）の形で表すと、以下になります。

$$p\begin{bmatrix} i_{1d} \\ i_{1q} \\ \phi_{2d} \\ \phi_{2q} \end{bmatrix} = \begin{bmatrix} -\dfrac{R_\sigma}{L_\sigma} & \omega_1 & \dfrac{M}{L_\sigma L_2 T_2} & \left(\omega_1 - \omega_s\right)\dfrac{M}{L_\sigma L_2} \\ -\omega_1 & -\dfrac{R_\sigma}{L_\sigma} & -\left(\omega_1 - \omega_s\right)\dfrac{M}{L_\sigma L_2} & \dfrac{M}{L_\sigma L_2 T_2} \\ \dfrac{M}{T_2} & 0 & -\dfrac{1}{T_2} & \omega_s \\ 0 & \dfrac{M}{T_2} & -\omega_s & -\dfrac{1}{T_2} \end{bmatrix} \begin{bmatrix} i_{1d} \\ i_{1q} \\ \phi_{2d} \\ \phi_{2q} \end{bmatrix}$$

$$\cdots \text{(2-36)}$$

$$+ \begin{bmatrix} \dfrac{1}{L_\sigma} \\ \dfrac{1}{L_\sigma} \\ 0 \\ 0 \end{bmatrix} \begin{bmatrix} v_{1d} & v_{1q} & 0 & 0 \end{bmatrix}$$

　以上のように、誘導モータは、状態量を i_{1d}、i_{1q}、ϕ_{2d}、ϕ_{2q}、操作量を v_{1d}、v_{1q} とする状態方程式で表現できることがわかります。ただし、パラメータの中に ω_1 などの変数が含まれていることに注意して下さい。この状態方程式を用いて、制御設計や安定判別等を行う場合には、これらの非線形要因を考慮する必要があります。

　また、モータのトルクは、極数 P を用いて以下の式で表すことがで

- 44 -

きます。

$$T_m = \frac{P}{2} M \left(i_{1q} i_{2d} - i_{1d} i_{2q} \right) \quad \cdots\cdots\cdots\cdots\cdots\cdots\cdots\cdots\cdots \quad (2\text{-}37)$$

ここで、式 (2-17)、(2-18) を代入して、

$$T_m = \frac{P}{2} \frac{M}{L_2} \left(i_{1q} \phi_{2d} - i_{1d} \phi_{2q} \right) \quad \cdots\cdots\cdots\cdots\cdots\cdots\cdots\cdots \quad (2\text{-}38)$$

と表すこともできます。

2.4　ブロック線図モデル

　2.3節で導出した誘導モータのモデルをブロック線図で表記すると、図2-8、2-9となります。図2-8は、式(2-32)、(2-33)を、図2-9は、式(2-34)、(2-35)、(2-38)をブロック線図で表記したものです。出力としてモータトルク T_m が得られることがわかります。このモデルを、例えばMATLAB/Simulink等のシミュレータで作成すれば、誘導モータのシミュレーションが実現できます。

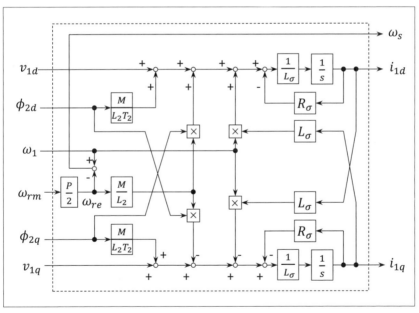

〔図2-8〕誘導モータのdqモデル（1次側モデル）

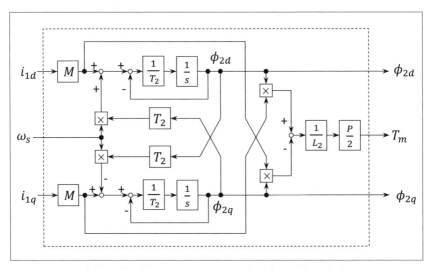

〔図 2-9〕誘導モータの dq モデル（2 次側モデル）

第2章 誘導モータの数式モデル

コラム：メガワット級の大容量交流モータ

　世の中に存在する最も大容量のモータは、鉄鋼産業における圧延機用のモータではないかと思います。3,000[V] 級で、5 ～ 10[MW] 程度のものもあります。発電機となれば、これ以上のものもありますが、発電機は基本的には一定速駆動ですので、高応答が必要な交流モータ・ドライブといえば、鉄鋼用が最大級でないかと思います。

　ところが、誘導モータも定格 5[MW] を超えるとあまり見られなくなり、そこから上のクラスは、巻線型同期電動機になります。なぜでしょうか？

　誘導モータと巻線型同期電動機の大きな違いは「力率」です。同期電動機は、回転子の巻線に直流を流して励磁する必要がありますが、その分、力率を高くでき、駆動する変換器容量（kVA）が最小化されます。力率が悪いと、インバータの kVA を大きくしなければならず、システム全体のコストアップにもなります。

　誘導モータにおいても、もちろん力率を上げる努力をしています。そのためには、二次抵抗を極力下げることと（低すべり化）、回転子と固定子の間のギャップを狭くするのが有効です。ところが容量が大きくなると、回転子の自重で回転軸がたわみ、回転子と固定子が接触してしまう恐れが出てきます。その境界が 5[MW] 程度と言われています。同期機の方はギャップを広く取っても高力率を維持できますので、"擦らない"で済みます。このような制約でモータの種類は選択されていきます。

第3章

インバータ技術

本章では、誘導モータを可変速駆動するインバータの回路技術について述べます。誘導モータの制御技術を学ぶ上で、制御を実現するためのハードウエアに関する知識も必要となるので、本章にてまとめて解説します。

3.1 インバータの概要

誘導モータは，三相交流電源に直結して駆動することが可能な交流電動機です。図3-1(a)に示すように，三相200[V]の交流電源に，コンタ

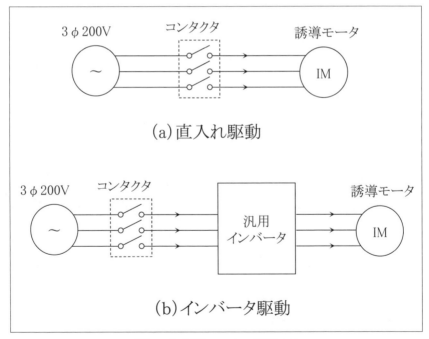

〔図3-1〕誘導モータの駆動方法

第3章 インバータ技術

クタを介して誘導モータを接続すれば，交流の周波数に応じた回転数で駆動します。例えば，4極の誘導モータを50[Hz]の三相交流に接続すれば，1500[r/min]付近で回転します。負荷をかけることで「すべり」が発生し，数%速度が低下するものの駆動を継続します。誘導モータは本来このような駆動を前提に設計されており，三相交流を印加した瞬間に自己始動します。この始動時には、停止状態から一気に1500[r/min]へ急加速することになり、一瞬「過すべり」の状態になります。一般にかご型誘導モータなどは、この始動トルクが小さく、負荷がかかった状態でどこまで自己始動できるかが，モータ設計の重要なポイントとなっています。

これに対して，誘導モータを可変速駆動する目的で，「汎用インバータ」が開発されています（同図(b)）。汎用インバータは，誘導モータと三相交流電源の間に挿入して、可変速駆動を実現する装置として開発されました。これによって誘導電動機の回転速度の調整が可能になります。

図3-2に，汎用インバータの概略構成を示します。三相交流電源をダイオード整流器で全波整流し，平滑コンデンサで整流された電圧を平滑して、脈動の少ない直流電源を得ています。

全波整流された電圧の平均値 E_{DCM} は、

$$E_{DCM} = \frac{3\sqrt{2}}{\pi} E_S \simeq 1.35 E_S \quad \cdots\cdots\cdots\cdots\cdots\cdots\cdots\cdots\cdots (3\text{-}1)$$

となります。（ここで、E_s は三相電源の線間電圧実効値[V]）

インバータ主回路では、この直流電圧を電源として、6つのパワー半導体素子（S_{up}、S_{un}、S_{vp}、S_{vn}、S_{wp}、S_{wn}）をスイッチ動作することで、任意の振幅、周波数、位相の三相交流電圧を生成し、誘導モータを駆動します。

- 52 -

これらのパワー半導体素子のスイッチ動作の信号（オン / オフ信号）は、マイコンなどのデジタル制御器によって与えられます。この制御器の制御方法によって、誘導モータは「V/F一定制御」や「ベクトル制御」などの様々な制御方式が実現できます（第5章以降に記載）が、ハードウエアは図3-2に示すものが共通となります。ソフトウエアの実現方法によって、制御性能は異なるものになります。

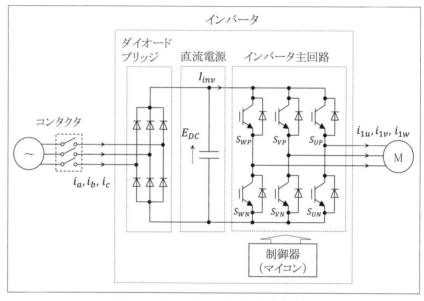

〔図3-2〕汎用インバータの概略構成

3.2 パワー半導体素子による PWM 制御

(1) PWM 制御の原理

インバータを用いて、任意の周波数、振幅、位相の交流電圧を生成する上で、基本となるのがパワー半導体素子のスイッチング動作です。図3-3 に、正弦波交流を生成するための動作図を示します。

図3-3 の右には、インバータ主回路の1つの相（U相）が記されています。1つの相は、正側（S_{UP}）と負側（S_{UN}）の2つのパワー半導体素子（ここでは IGBT（Insulated Gate Bipolar Transistor）が用いられている）からなり、それぞれのゲートには、ゲート信号 P_{up} と P_{un} が与えられています。

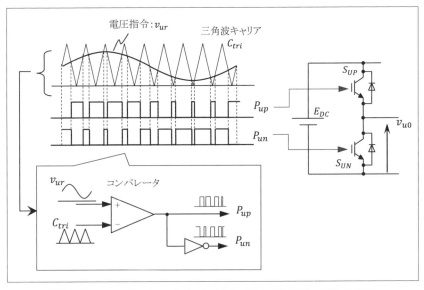

〔図3-3〕インバータによる PWM（パルス幅変調）制御の原理

各パワー半導体素子は、ゲート信号が「High」のときにオン、「Low」のときにオフとなるようにスイッチ動作します。正、負、両方のパワー半導体素子が同時にオンすると電源短絡となるため、必ずどちらか一方のみがオンするように動作しなければなりません。

これらのゲート信号 P_{up}、P_{un} は、図 3-3 に示すように、三角波キャリア C_{tri} と正弦波の電圧指令 v_{ur} とを、電気的に大小比較することで生成することができます。例えば、C_{tri} と v_{ur} をオペアンプ等のコンパレータで比較し、$v_{ur} > C_{tri}$ のときには、P_{up} を High、P_{un} を Low とし、$v_{ur} < C_{tri}$ のときにはその逆にすることでゲート信号を生成することができます。

この動作は、元の電圧指令の瞬時電圧の大きさを、パルスの幅へと変換しているものであり、パルス幅変調（Pulse Width Modulation（PWM））と言います。PWM は、パワーエレクトロニクス黎明期においては、図 3-3 のようにアナログ回路で構成されていましたが、現在ではすべてデジタル回路で構成されています。三角波キャリアは、デジタル回路のタイマーで構成され、コンパレータもデジタル回路で実現されています。

（2）三相 PWM 方式

図 3-4 に、三相に拡張した PWM の構成を示します。コンパレータを各相分用意し、電圧指令には三相平衡電圧である v_{ur}、v_{vr}、v_{wr} を用意します。三角波キャリアは、三相共通とするのが一般的ですが、もちろん、相毎に個別のキャリア波を用意しても PWM を実現することは可能です。しかし、キャリア波を三相共通にした方が、不要な高調波成分を大きく低減することができますので、通常は共通の三角波キャリアを用いています。

第3章 インバータ技術

　各相の正側、負側のゲート信号（計6本の信号）を制御器で生成し、パワー半導体素子をスイッチ動作させるためのゲート・ドライブ回路に送ります。ゲート・ドライブ回路は、パワー半導体素子をスイッチ動作させるためのゲート電圧を作る回路です（詳細は、3-5節で説明）。

　PWM信号の生成は、組込用マイコン（特にモータ制御用マイコンとして市販されているもの）において、周辺機能として内蔵されているものが多く、マイコンの初期設定を行うことで実現できます。このように、市販のマイコンのPWM生成機能を利用すれば、あとは誘導モータへ印加する三相交流電圧 v_{ur}、v_{vr}、v_{wr} を計算して与えることで、任意の周波数、振幅、位相の交流電圧を生成することが可能になります。

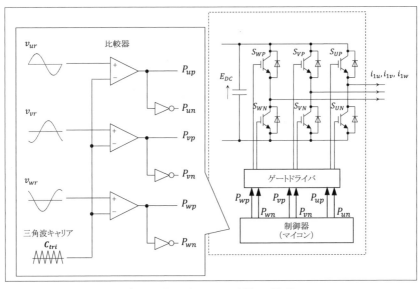

〔図3-4〕三相PWM制御の構成

（3）スイッチ動作の損失

インバータなどを扱うパワーエレクトロニクスの分野では、パワー半導体素子をスイッチ動作させて電力変換に利用しています。このスイッチ動作について簡単に説明します。

図3-5(a)は、理想スイッチの動作波形を示しています。スイッチを流れる電流をI_{sw}、スイッチに加わる電圧V_{sw}とした場合、スイッチが理想であると仮定すると、スイッチの消費電力は「零」になります。損失とは、電流I_{sw}×電圧V_{sw}ですが、両者は同時には存在しないため、理想スイッ

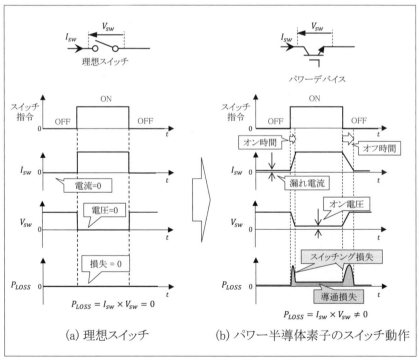

〔図3-5〕スイッチ動作における損失

チでは損失は零になります。これがスイッチ動作で電力変換を行うことの大きなメリットと言えます。

　しかし、実際のパワー半導体素子は理想スイッチではないため、損失が発生します。図 3-5(b) には、パワー半導体素子のスイッチ動作の波形を示します。まず、スイッチオフ時にも「漏れ電流」が流れています（この損失（非通電損失）は他の損失に比べると極わずかですので、無視できます）。また、スイッチのオン、オフ時には、電流も電圧も傾きを持って変化しますので、電流×電圧が零にならず、これが「スイッチング損失」として発生します。さらにオン動作時に電流が流れている期間には、「オン電圧」が存在しますので、これが「導通損失」になります。よって、これらの「スイッチング損失」と「導通損失」が、インバータの損失となります。これらによってパワー半導体素子が発熱しますので、冷却等を考慮してインバータを設計しなければなりません。

　インバータの効率を改善するには、これらの損失を低減させる必要がありますが、もっとも簡単に効率を上げるのは、スイッチング回数を減らすこと、すなわちキャリア周波数を下げることです。スイッチング損失は、スイッチング動作を行う度に発生しますので、スイッチング回数を減らすことが効果的です。ただし、キャリア周波数を下げることは、制御上では演算処理周期を下げることになるため、制御の安定性や応答性が制限されることになります。よって、キャリア周波数は、システム的な仕様から決定する必要があると言えます。

　近年、パワー半導体素子は、シリコンを用いた IGBT やパワーMOSFET から、よりスイッチングの切れ味が鋭く（スイッチ動作時の電流や電圧の変化が素早い）、また導通損失も少ないシリコン・カーバイト（SiC）や窒化ガリウム（GaN）を用いたパワー半導体素子が実用化さ

れ始めています。これらの素子を採用できれば、さらなる高効率化や、小型化（冷却機構の小型化）が期待できます。

第3章 インバータ技術

3.3 各種 PWM 制御方式

（1）正弦波変調

図 3-6(a) に、三相正弦波を用いた PWM 波形を示します。ここでは、正弦波の周波数に対して、三角波キャリアの周波数を 15 倍に設定しています。図では、各相の正側に与える PWM 信号（P_{up}、P_{vp}、P_{wp}）を示しています。誘導モータの線間電圧は、同図下の V_{uv} のような波形が印加されます。この波形からわかるように、線間電圧にはキャリア周波数の 2 倍の周波数のパルスが印加されています。これがキャリアを三相共通にしている効果の一つであり、三角波キャリアを三相共通にすることで、キャリア周波数成分そのものを削除することができます。

この正弦波変調方式では、各相電圧指令の振幅 v_p が、

$$v_{p1} = \frac{E_{DC}}{2} \quad \cdots\cdots\cdots\cdots\cdots\cdots\cdots\cdots\cdots\cdots\cdots\cdots\cdots\cdots\cdots\cdots\cdots\cdots\cdots\cdots\cdots\cdots\cdots (3\text{-}2)$$

以下であれば、正弦波を保つことができます。振幅が式 (3-2) を超えると、例えば図 3-6(b) のような波形になってしまいます。

図 3-6(b) は、同図 (a) に比べてパルスの数が減少してしまい、高調波の特性が劣化します。このようなパルスがつながってしまった波形では、基本波周波数付近の低次高調波が増加することが知られています。低次高調波は、トルク脈動の原因となり、機械振動や騒音を引き起こすため問題になります。

式 (3-2) に従って、これを相電圧の最大振幅 v_{pmax} とすると、出力可能な線間電圧最大値 V_{max} は、

- 60 -

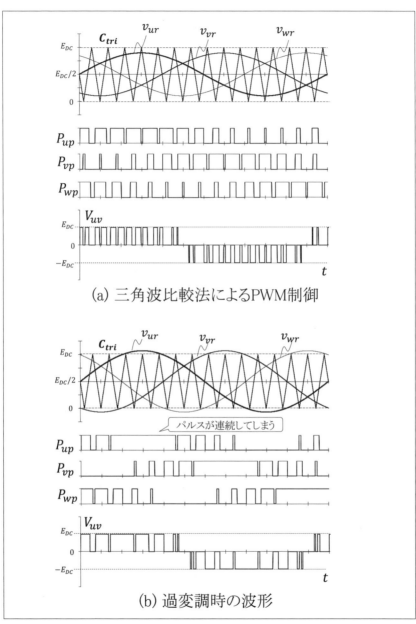

〔図 3-6〕三相正弦波を用いた三角波比較法

第3章 インバータ技術

$$V_{1\max} = v_{p1\max} \times \sqrt{3} = \frac{\sqrt{3}E_{DC}}{2} \simeq 0.866 \times E_{DC} \quad \cdots\cdots\cdots\cdots\cdots (3\text{-}3)$$

となります。つまり、誘導モータへ印加できる線間電圧の最大値は、電源電圧に対して 86.6% ということになります。これを 100% にする手法について、次に説明します。

（2）3次調波加算方式

　式 (3-3) に示す電圧利用率を改善する方法がいくつか知られています。三相誘導モータの場合、U〜W 各相の巻線の一方はすべて接続されており、その接続点（中性点）が宙に浮いた状態になっています（例えば、図 3-13 の右端のモータなど）。この「中性点が宙に浮いた状態」では、三相の電圧に共通の電圧（これを「零相電圧」と言います）を加えても、誘導モータには影響がありません。

　具体的には、図 3-7 に示すように、三相電圧指令 V_{ur}、V_{vr}、V_{wr} のそれぞれに共通の電圧 v_z を加算しても、中性点電位が変化するだけであり、誘導モータの線間電圧には変化がありません。図 3-7 では、

$$
\begin{aligned}
v_{ur1} &= v_{ur} + v_z \\
v_{vr1} &= v_{vr} + v_z \\
v_{wr1} &= v_{wr} + v_z
\end{aligned}
\quad \cdots\cdots\cdots\cdots\cdots\cdots\cdots\cdots\cdots\cdots\cdots\cdots (3\text{-}4)
$$

と電圧指令に v_z を加算していますが、このとき、例えば線間電圧 V_{uv} は、

$$
\begin{aligned}
V_{uv} &= v_{ur1} - v_{vr1} = (v_{ur} + v_z) - (v_{vr} + v_z) \\
&= v_{ur} - v_{vr}
\end{aligned}
\quad \cdots\cdots\cdots\cdots\cdots\cdots\cdots (3\text{-}5)
$$

となり、結局 v_z を加算する前と何も変わっていないことになります。この現象を利用して、電圧利用率を改善します。

－ 62 －

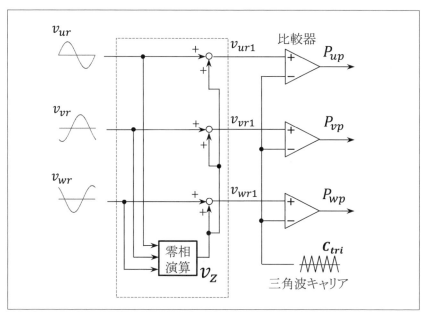

〔図 3-7〕零相加算による出力波形の補正

　図 3-8 は、零相電圧として、基本波の 3 倍周波数の高調波を各相電圧指令に加算しています。このときの零相電圧 v_z は、三相電圧指令の瞬時値における最大電圧 v_{max}（三相の中で最も大きな電圧）と最小電圧 v_{min}（同様に三相の中で最も小さな電圧）から、以下として求めてます。

$$v_{z1} = -\frac{v_{max} + v_{min}}{2} \quad \cdots\cdots\cdots\cdots\cdots\cdots\cdots\cdots\cdots\cdots\cdots\cdots\cdots\cdots (3\text{-}6)$$

　式 (3-6) を計算すると、図 3-8 の一番上の波形の v_{z1} になります。これを各相に加算した結果、三相電圧指令は v_{ur}、v_{vr}、v_{wr} のようになります。加算前の波形は、振幅が $E_{DC}/2$ を超えていましたが、v_{z1} を加算することでピーク付近の電圧が低減し、$E_{DC}/2$ 以下になっていることがわかります。この結果、電圧利用率は、

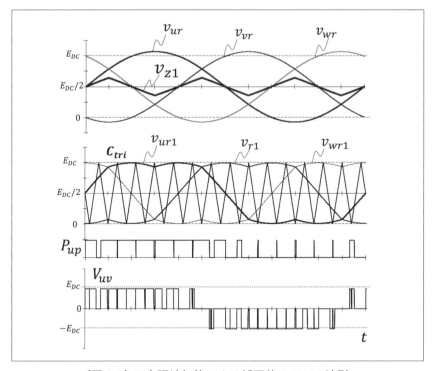

〔図3-8〕3次調波加算による補正後のPWM波形

$$V_{1\max} = E_{DC} \quad \cdots\cdots\cdots\cdots\cdots\cdots\cdots\cdots\cdots\cdots\cdots\cdots\cdots\cdots\cdots\cdots (3\text{-}7)$$

となります。このように、電圧指令に簡単な補正を加えることで、出力パルスを連続化することなく、電圧利用率を100%に改善することができます。

(3) 2相変調方式

図3-7に示した零相加算方式では、三相に加算する電圧が共通であれ

ば、出力したい電圧に影響がないことを示しました。これを利用して、電圧利用率を改善すると同時に、スイッチング回数を減少させることができます。

　図3-9は、「2相変調方式」の一つであり、零相電圧を同図のv_{z2}のような波形にすることで実現できます。このv_{z2}は、元の三相指令の中で、最も絶対値の大きなものを選び、それをE_{DC}、あるいは0に張り付けます。その張り付けるために加えた電圧を、他の2相にも加算して零相電圧としています。このようにすることで、三相の電圧指令は、ピーク付近が「お椀の底」のような波形になります。この結果、各相電圧において、スイッチング動作を停止する期間が生成されます。この期間が1周期間の1/3存在することになりますので、結果として、スイッチング回数が2/3に減少します。すなわち、インバータ主回路の損失の要因であるスイッチング損失を低減できることになります。これは、省エネを重視するシステムでは重要な効果と言えます。

　また、同様な考え方で、電圧指令が最も小さい相を、下側に張り付ける方法もあります（図3-10）。この方式でも、スイッチング動作を一周期の1/3で停止しています。このような方式でも、指令通りの電圧が印加されることにはなりますが、線間電圧波形をみる限り（図3-10の一番下の波形）、波形の対称性が損なわれており、偶数の低次高調波などが発生し易いと言えますので、あまり好ましい方式ではないかも知れません。

－ 65 －

第3章 インバータ技術

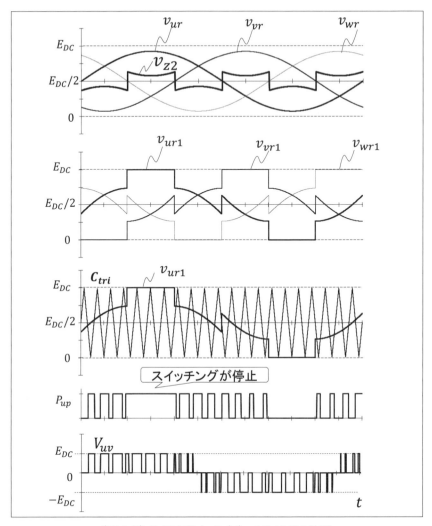

〔図3-9〕2相変調方式(1)でのPWM波形

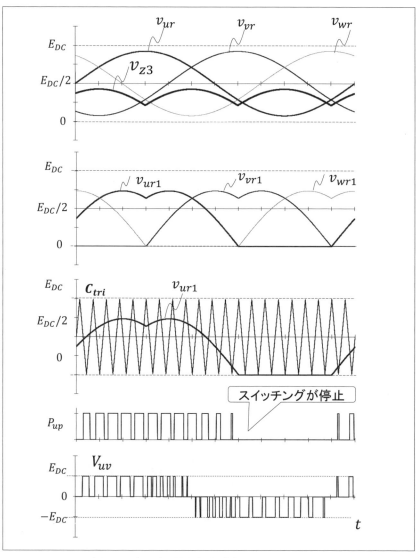

〔図 3-10〕2 相変調方式（2）での PWM 波形

🔲 第3章 インバータ技術

3.4 インバータを用いる場合の制御上の課題

（1）制御処理周期と三角波キャリアの関係

　これまで、三角波キャリアと三相電圧指令との関係を、アナログ回路のイメージで説明してきましたが、実際にこれらを実現するのはマイコンなどのデジタル回路になります。例えば、図3-11に示すように、3次調波加算を行った波形は、原理上は同図 (a) のようになりますが、実際には電圧指令は (b) のように離散的な値を取ります。

　また、インバータ制御においては、演算処理周期と三角波キャリアとが同期したものになります。一般的には、三角波キャリアの山ピークと谷ピークをトリガーとして、制御処理を実行します。これらは山割込み、谷割込み処理として、例えば電流制御や速度制御が実行されます。電圧指令は、このキャリアの半周期毎に更新されます。このキャリアの半周期（つまり、山割込みと谷割込み）で制御処理を実行するというのは、実は重要な意味を持っています。PWM制御の最小単位は、キャリア周期ではなく、キャリアの半周期単位になります。これは線間電圧波形で観測すれば明らかですが、キャリア周期ではなく、キャリアの半周期毎にパルスが一つ生成されます。よって、この周期で制御を実行するのが、制御処理周期を最短にし、安定範囲や設定応答範囲を広げる結果となります。また定常状態のPWM波形の対称性もよくなります。

- 68 -

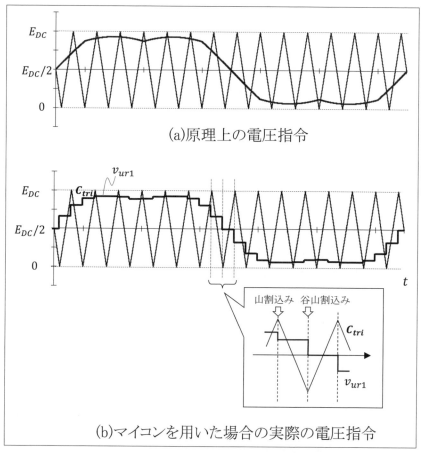

〔図 3-11〕デジタル制御における実際の電圧指令

（2）デッドタイムの挿入

　図 3-3 では、各相の正側、負側のパワー半導体素子には、相補動作（どちらかがオンでどちらかが必ずオフ）のパルスを与えると記載しましたが、これらは正しくありません。実際のパワー半導体は、図 3-5(b) のようなスイッチングの「遅延」が存在するため、正側、負側のスイッチを

第3章 インバータ技術

完全に相補で行うと電源短絡を起こします。

そのため、実際のインバータでは「デッドタイム期間」を設けて、正側、負側のパワー半導体が「同時にオフ」する期間を設けています。図3-12にその動作を示します。三角波キャリアと電圧指令の比較によって生成された、本来出力したいパルス波形に対し、パルスの立ち上がり時間を遅延させる「デッドタイム」を挿入します。このデッドタイムの長さは、パワー半導体素子の性能で決まってきますが、IGBTでは$2 \sim 4\mu s$程度、大容量のものであれば、$10\mu s$程度になる場合もあります。最新のSiC-MOSFETなどであれば、数100nsの期間で済む場合もあります。

このデッドタイム期間は、正、負のパワー半導体素子が両者ともオフ状態であり、出力電圧は定まりません。図3-12の右図において、デッドタイム期間（S_{UP}、S_{UN}の両者がオフ状態）である場合を考えます。このとき、もしi_uが図の矢印方向（正方向）に流れていたとすると、電流はS_{UN}に並列接続されているダイオードを介して流れます。つまり、出力端子v_uは「零」にクランプされます。逆にi_uがマイナス方向に流れていたとすると、この場合はS_{UP}の並列ダイオードを通って流れ、出力端子はE_{DC}にクランプされます。

このように、デッドタイム期間の出力電圧は、電流の向きで変化することになります。デッドタイムによる電圧誤差は、せいぜい数μsの誤差かも知れませんが、起動時のように速度指令が低い場合や、キャリア周波数が高く、キャリアの周期が短い場合には、相対的に誤差の割合は拡大します。デッドタイム補償方法に関しては後述しますが、これらは電流の極性で影響が変化することから、モータの相電流情報から誤差電圧を補正するのが一般的です。

- 70 -

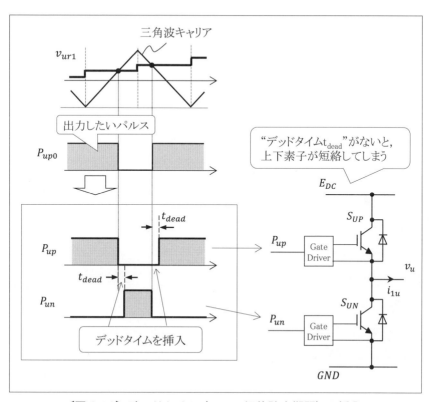

〔図 3-12〕デッドタイム（アーム短絡防止期間）の挿入

3.5 インバータの回路構成

(1) インバータの全体構成

　インバータの具体的な構成を図3-13に示します。図3-2にも示しましたが、インバータ主回路の直流電源は、三相交流電源を整流して生成します。その際、大容量の平滑コンデンサ（図のC_f）を用いているため、電源投入時に大電流が流れます。この電流を抑制するために、「突入電流防止回路（初期充電回路）」が導入されています。この回路は、図3-13の左上に示すように、スイッチと抵抗からなり、電源投入時にはスイッチをオフとして抵抗を介して平滑コンデンサC_fを充電します。C_fの電圧が充電された後、スイッチをオンとします。この動作は、C_fの電圧を観測して自動的にスイッチを切り替えるようにしています。このス

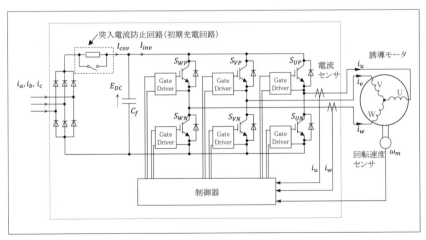

〔図3-13〕インバータの構成

イッチには、電磁力を利用したリレーや、サイリスタなどのパワー半導体が用いられています。また、抵抗には過渡電流が一瞬流れるだけですが、数 W/ 数 10Ω の抵抗が使用されています。

またインバータ主回路の 6 つのパワー半導体素子には、それぞれゲート・ドライブ回路が必要であり、これらを制御器（マイコンなど）からの PWM 信号で動作させています（次章以降、詳細を説明します）。

また、誘導モータの相電流を電流センサで検出して、電流制御を行うと同時に過電流保護にも利用します。電流センサには、ホール CT やシャント抵抗が用いられます。低速から電流を検出する必要があるので、交流だけでなく、直流の検出も可能なセンサが必要となります。

また回転速度制御を行う場合には、回転速度センサを用いて誘導モータの回転数を検出します。汎用インバータの場合、回転速度センサを用いないのが一般的であり、回転速度センサの取り付けは高級機種のオプションになっている場合がほとんどです。

（2）絶縁型のゲート・ドライブ回路

図 3-13 に示したように、パワー半導体素子をスイッチ動作させるために、ゲート・ドライブ回路が必要になります。図のような IGBT 素子をオン動作させるには、ゲートとエミッタ間に 15[V] 程度の電圧を印加する必要があり、この動作を制御器からの PWM 信号を用いて実行します。

図 3-14 にゲート・ドライブ回路の例を示します。インバータ主回路部は、高圧回路になっているため、フォト・カプラを用いて電気的に絶縁します。また、正側のパワー半導体のゲート・ドライブ回路には、絶

第3章 インバータ技術

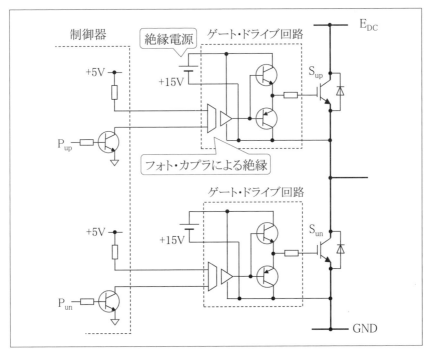

〔図3-14〕個別の絶縁電源を用いたゲート・ドライブ回路

縁された個別の直流電源が必要になります（負側の3つのパワー半導体素子はエミッタが共通なので、1つの電源で共有できます）。大容量のインバータでは、基本的にはこのような回路構成になります。ただし、高速なスイッチ動作に追従できるフォト・カプラは種類が少なく、パルス・トランスを用いて絶縁する場合もあります。

（3）非絶縁型のゲート・ドライブ回路

　数kW以下のインバータでは、非絶縁で、かつ、ゲート・ドライブ回路の電源を共通化したものが用いられています。図3-15にその構成を

示します。

　正側のゲート・ドライブ回路の電源には、絶縁された電源の代わりにブート・ストラップ・コンデンサを用いています。このコンデンサには1～数 $10\mu F$ の電解コンデンサを用いることが多く、このコンデンサに負側のゲート・ドライブ回路の 15[V] 電源から、抵抗とダイオードを介して充電します。このコンデンサへの充電は、負側のパワー半導体素子がオンしたタイミングで自動的に充電されます。充電された電位を保ったまま、この電圧を利用して正側のパワー半導体素子のゲートを駆動します。よって、電源を確保するためには、必ず負側の素子がオンすることが条件であり、また、頻繁に負側の素子がオン動作を行わないと、ブー

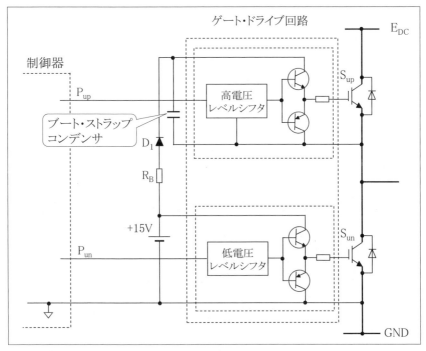

〔図3-15〕ブート・ストラップ回路を用いたゲート・ドライブ回路

第3章　インバータ技術

ト・ストラップ・コンデンサの電圧は低下してしまいます。これらを考慮して、コンデンサの値を設定する必要があります。

　また、正側のゲート信号は高圧になるため、レベルシフト回路を設けて、制御器からのPWM信号による駆動を可能にしています。

　この方式では、ゲート・ドライブ回路の直流電源が1つで済むため、ハードウエア構成は非常にシンプルになります。ただし、主回路部と制御器とが非絶縁となるため注意が必要です。特に実験レベルでデバッグ作業を行う際には、マイコンと主回路が同電位になるため、非常に危険です。実験用としては、PWM信号を一旦フォトカプラ等で絶縁しておくべきでしょう。

（4）パワーモジュール

　インバータ主回路の部品を1つのパッケージに収めた「パワーモジュール」が市販されています。図3-16に、パワーモジュールの例として三菱電機株式会社が製造しているDIP・IPM（Dual Inline Package・Intelligent Power Module)の構成を示します。

　図3-16では、6つのパワー半導体素子と各ゲート・ドライバが1つのパッケージに収まっており、ブート・ストラップ回路も内蔵されています。また、外付けのシャント抵抗を用いて、過電流保護を行うこともできます。さらに、制御電圧異常などの不具合を検知する機能を含まれており、まさにインテリジェントなパワーモジュールとなっています。このようなパワーモジュールを利用すれば、ハードウエア作成の悩みはかなり解消され、制御技術の開発に注力できます。

- 76 -

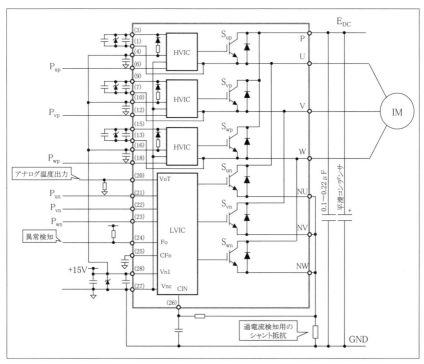

〔図 3-16〕パワーモジュールを用いた主回路例
（三菱電機株式会社製・DIPIPM Version7 PSS20S73F6 など）

📖 第3章 インバータ技術

コラム：インバータ技術者の守備範囲は？

　「交流モータの駆動システム」というのは、モータが主役のようですが、可変速駆動する上では"インバータ"もなくてはなりません。では、インバータとモータがあれば、問題ないか？というと、そうでもありません。"制御"が必要になります。モータ制御は、制御工学をベースにしているものの、モータ制御に特化した独特の世界があります。制御を担当する人は、モータの勉強、インバータの勉強と、この独特の世界を勉強しなければなりません。しかし、それでもまだ足りません。マイコンや組み込みソフトのノウハウも身に付けなければなりません。

　しかし、"モノ"としてドライブシステムを見てしまうと、制御はマイコンのソフトの中身ですので、大変さというのが素人目には見えにくいものです。極端な話、エアコンメーカを例に取ると、コンプレッサーや熱サイクル系が製品の中核とすると、モータもインバータもただの部品に過ぎません。「あなたにはインバータの担当をお願いします」などと、わかってない上司から軽く任されてしまうと、インバータ主回路設計から、制御設計、ソフト設計、ソフトのコーディング・デバッグと、一人で3～4役もこなすことになってしまいます。そんな超人的な技術者はいませんし、引き受けたらノイローゼになってしまいます。

　もしそういう状況におかれたら、はっきりこう言いましょう。「インバータ担当には、最低4人は必要です。そうでなければ、お引き受けできません。」自分の身を守ることが大事です。

第4章

フィードバック制御

本章では、誘導モータの電流制御や回転速度制御を実現するための制御の基本について述べます。電流や回転速度を所望の値に一致させるために、フィードバック制御を用います。本書におけるフィードバック制御では、基本的に制御工学の古典制御理論をベースにして設計します。

4.1 誘導モータの制御構成

誘導モータの制御構成を、表4-1 に示します。誘導モータは、モータ自体の安定性が高いため、単独での駆動をはじめとして、様々な制御を用いることが可能です。

制御したい状態量（制御工学では、「出力」といいます）に対して目標値を設定し、その出力が目標値に一致するように、入力（操作量）を操作して制御を行う手法をフィードバック制御といいます。目標値とのずれに対して、特に入力の操作を行わないものをフィードフォワード制御といいます。

表4-1 に示すように、(a) オン / オフ制御、(b) V/F 一定制御は、フィードフォワード制御、(c) ベクトル制御、(d) センサレスベクトル制御は、フィードバック制御に分類されます。

(a) オン / オフ制御

誘導モータは、三相の商用電源を用いて直接駆動することが可能です。50 [Hz]、4 極の誘導モータであれば、1,500 [r/min] 付近で回転させることができます。オン / オフ制御も、回転か停止かの「制御」を行っているといえます。ただし、誘導モータは負荷に応じてすべりが発生します

－ 81 －

第4章 フィードバック制御

〔表 4-1〕誘導モータの制御構成

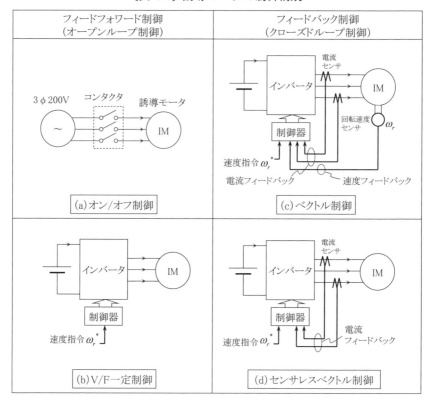

ので、回転速度自体は、負荷に依存して数％変化することになります。この速度変動を、オン/オフ制御で修正することはできません。

(b) V/F 一定制御

V/F 一定制御は、インバータを使用して誘導モータを可変速駆動する簡便な制御方式です。この制御では、速度指令 ω_r^* に基づいて周波数と振幅を計算して、インバータから出力する交流電圧を計算しています。

V/F 一定制御では、誘導モータの定格電圧と定格周波数の設定のみで、

可変速駆動が実現できます。一般的には、回転速度のフィードバックは行いませんので、負荷に応じてすべり周波数分だけ回転数が変動します。また、条件によっては乱調などの不安定な現象が発生する場合があります。これを防止するために、電流検出値を用いて安定化する場合もあります（第5章で説明します）。

(c) ベクトル制御

　ベクトル制御は、誘導モータの電流フィードバックを行い、トルク電流と励磁電流を独立に制御するものであり、制御性能が格段に向上します。誘導モータの回転速度をフィードバックすることで、回転速度精度も向上し、負荷の大きさに関係なく所望の回転数での駆動が可能になります。

　トルクを管理していることから、例えば最大トルクで加速することも可能ですし、数 100μs でのトルク応答も実現できます。

(d) センサレスベクトル制御

　誘導モータは、回転速度を検出しなくても、V/F 一定制御を用いれば簡便に可変速駆動が可能なモータです。ただし、V/F 一定制御では、負荷変動などの過渡時の安定性に問題が生じる場合があり、また、ベクトル制御のような高応答は実現できません。

　センサレスベクトル制御は、制御構成としては V/F 一定制御に近いものの、制御性能の大幅な改善が可能となる制御方式です。具体的には、回転速度フィードバックの代わりに、制御器内部において「速度推定」を実施し、その推定値をフィードバック値と同様に扱うことで実現します。ただし、速度推定には誘導モータの電気定数の設定が必須であった

- 83 -

第4章 フィードバック制御

り、回生時に不安定になりやすいなど、センサ付きベクトル制御に比べて課題が多く、制御構成は複雑になります。

　これら様々な制御については、以降の各章で詳細を説明します。本章は、その基礎となるフィードバック制御の基本に関して簡単に述べます。

4.2 制御開発のフロー

　近年のフィードバック制御系は、マイコン（Microprocessor）やDSP（Digital Signal Processor）などを用いたデジタル制御で実現するのが一般的となっています。モータやインバータなどのハードウエアに対して、電流や回転速度といった信号を扱う情報処理（ソフトウエア処理）の分野になります。モノの概念とは大きく異なる技術分野であり、脳が拒否反応を起こす技術者もいるかも知れません。しかし様々な仕様を満たすドライブシステムを実現するには、「制御」は極めて重要な要素であり、制御を理解せずにモータ・ドライブシステムを学ぶことはできないと言えるでしょう。

　一般的な制御開発のフローを、図4-1に示します。図において、[1]～[3] は「制御工学」の範囲といえます。まず初めに制御したい対象のモデリング（第2章では、誘導モータの微分方程式で表現したモデルを導出しました）が必須であり、このモデルに対応させて制御構成を決定します。制御構成というのは、フィードバック値を目標値に一致させるため、操作量をどのような演算処理によって得るかを決めるものになります。具体的には、比例制御（P制御）や比例・積分制御（PI制御）などの構成になります。

　制御構成から、各制御ゲイン（パラメータ）の決定方法を導きます [3]。この時点で、制御の設計は終了します。このままマイコン等のソフトウエアへの実装を開始しても問題ありませんが、近年では数値シミュレーション [4] を用いて、所望の性能（応答）が実現できるかを検証することが多いです。これは「モデルベース開発」と呼ばれ、実機を作る前に

シミュレーション上で十分な検証を行い、手戻り作業を防止するものです。例えば、大容量の誘導モータのように、その試作に多大なコストがかかるような場合には、モータを製作する前に、設計上のモータ定数を用いて制御シミュレーションを実施し、要求仕様を満足できるかを検証しておいた方がリスクを低減できます。特に今までにない仕様（超高速回転モータとか、超多極モータなど）の場合にはモデルベース開発は重要な位置付けになります。

　ソフトウエア実装 [5] は、制御アルゴリズムを実際にマイコンへ組み込む作業であり、これもノウハウの結集といえます。ソフトウエアを開

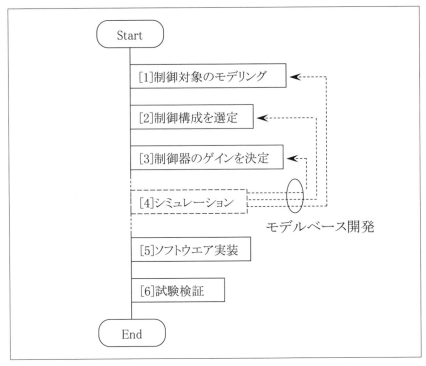

〔図 4-1〕制御開発のフロー

発するには、ソフト設計書、ソフト仕様書などのドキュメントを管理しておかないと、開発者以外の技術者には理解不可能になります。また、バグなどの不具合を作りこまないためには、ソフトウエア品質も重要であり、十分な検証を実施しておく必要があります。

　近年では、これらの効率的な開発として、シミュレーションで用いた制御モデルを、直接マイコンのコードに落とす「オートコード」の機能も使われ始めています。この場合、ソフトウエアの管理は「モデル」の管理となり、ソフトウエアの可読性や継承性が大きく改善されます。

　最後に実機を用いての試験検証 [6] を実施します。モデルベース開発であれば、シミュレーションと同様の過渡現象を実機にて確認できれば、検証は完了となります。

4.3　電流制御系の設計（直流モータの例）

　具体的なフィードバック制御の例として、直流モータの電流制御を解説します。この電流制御の設計法は、誘導モータの電流制御系もほとんど同じものになります。また、基本的には制御理論の「古典制御」の範囲となりますが、本書ではより具体的に「電流制御」の設計方法を示します。

　図4-2に、直流モータの電流制御系を示します。右側の回路は、図1-8に示した直流モータの等価回路と同じものです。直流モータは、巻線のインダクタンスと抵抗、速度起電圧で表すことができます。

　左側の制御部分では、電流指令 I_a^* を外部から受け取り、電流の検出

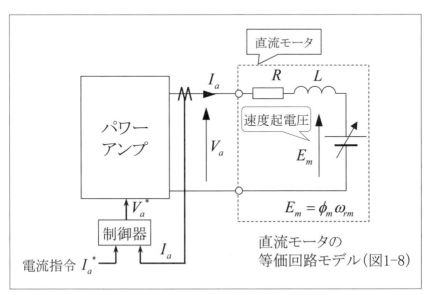

〔図 4-2〕直流モータの電流フィードバック制御系

値 I_a を制御器にフィードバックして、モータへの印加電圧指令 V_a^* を決定します。この V_a^* の計算方法が「制御」そのものになります。図のパワーアンプでは、V_a^* の値をそのままモータの印加電圧 V_a として出力します。パワーアンプは、本章では理想的な電力増幅器としますが、実際にはスイッチングデバイスを用いた DC-DC コンバータ等が用いられます。

（1）制御対象のモデル化（ブロック線図表記）

　制御設計の第1段階として、制御対象をモデル化します。ここでは、制御対象をブロック線図で表記し、伝達関数のモデルを求めます。

　直流モータの電圧方程式は、以下で表すことができます。

$$V_a = R \cdot I_a(t) + L\frac{d}{dt}I_a(t) + E_m(t) \quad\cdots\cdots\cdots\cdots\cdots\cdots (4\text{-}1)$$

　上式は、図 4-2 の右部分をそのまま数式にしたものです。この式を変形し、

$$\frac{d}{dt}I_a(t) = \frac{1}{L}\big(V_a(t) - R \cdot I_a(t) - E_m(t)\big) \quad\cdots\cdots\cdots\cdots\cdots (4\text{-}2)$$

さらにラプラス変換すると、式 (4-3) が得られます。

$$sI_a(s) = \frac{1}{L}\big(V_a(s) - R \cdot I_a(s) - E_m(s)\big) \quad\cdots\cdots\cdots\cdots\cdots (4\text{-}3)$$

　式 (4-3) の左辺は、電流 I_a の微分を表しています。図 4-3(a) のように、積分器 (1/s) の出力を I_a と考えますと、その入力（つまり、積分する前の値）は sI_a であることがわかります。このように、微分方程式1つに対して、一つの積分器をブロック線図の部品として配置します。

　次に、式 (4-3) の右辺部分を、ブロック線図の部品を用いて表記しま

第4章 フィードバック制御

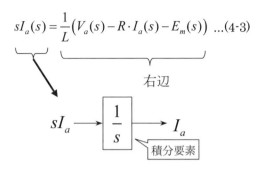

(a) 1つの微分方程式に対して，1つの積分器を定義する

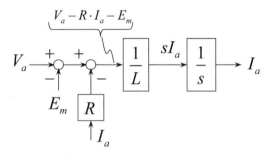

(b) 微分方程式の右辺のブロックを配置する

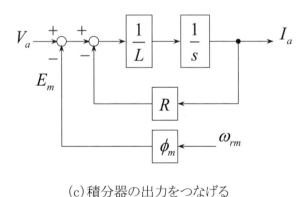

(c) 積分器の出力をつなげる

〔図 4-3〕微分方程式からのブロック線図の生成

す（図4-3(b)）。入力 V_a から速度起電圧 E_m、抵抗の電圧降下 RI_a を減算し、インダクタンス L で除したものが sI_a に一致します。最後に、I_a を積分器の出力と結ぶことで、電圧 V_a に対する I_a のブロック線図が完成します（同図(c)）。

このような手順でのブロック線図の作成方法をマスターすれば、微分方程式さえ与えられれば、自分で制御対象のモデルを生成することができるようになります。

例として、マスワーク社の MATLAB/Simulink を用いてモデルを作成したものを、図 4-4 に示します。図 4-4 と図 4-3(c) は同じものを示していることがわかると思います。

（2）等価変換

次に、図 4-3(c) を等価変換して、伝達関数を求めます。伝達関数とは、入力に対する出力の比をラプラス変換後の数式で表現したものです。この作業は制御工学の専門書等に詳細が書かれてますので、詳しい説明は省略します（図 4-5）。

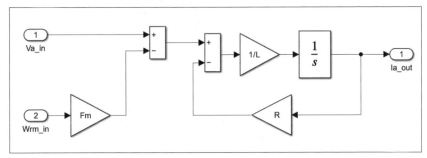

〔図 4-4〕MATLAB/Simulink で作成したモデル

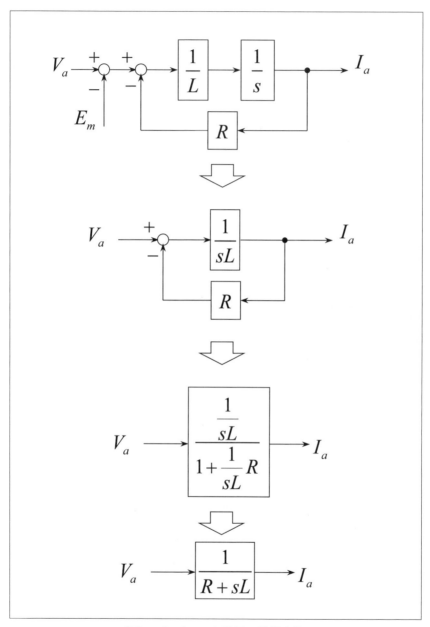

〔図 4-5〕ブロック線図の等価変換

この作業において、速度起電圧 E_m を無視しています。モータの入力は V_a であるため、電流制御の伝達関数としては I_a と V_a の関係のみで扱います。もちろん、E_m は回転速度に比例した「外乱」として、電流制御に影響しますが、一般的に速度変動に対して、電流制御応答は高速であるので、この影響は無視することができます。ただし、外乱応答を高応答化したいような場合には、これを考慮して制御系を設計する必要がありますが、ここでは無視します。

等価変換の結果、電流制御の制御対象は、RL 回路となり、

$$G_p(s) = \frac{1}{R+sL} \quad \cdots\cdots\cdots\cdots\cdots\cdots\cdots\cdots\cdots\cdots\cdots\cdots\cdots\cdots\cdots (4\text{-}4)$$

と表すことができます。

（3）制御設計

制御対象が式 (4-4) のように定まりましたので、これに対する制御器を設計します。図 4-6 がフィードバック制御の基本構成になります。

電流指令 I_a^* と電流フィードバック値 I_a の誤差信号 E_{rr} に対して、

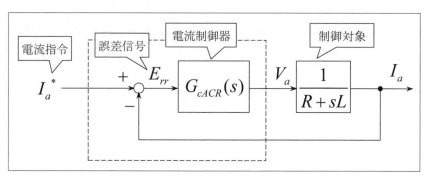

〔図 4-6〕フィードバック制御の基本構成

第4章　フィードバック制御

$G_{cACR}(s)$ の伝達関数を介して V_a を決定します。$G_{cACR}(s)$ として、代表的なものとして、図4-7に示す3つのものがあります。

（a）　比例制御　（P制御）

比例制御は、誤差信号 E_{rr} に対して、それを係数倍（比例倍）して V_a とするものです。偏差が大きいほど、V_a は大きくなります。ただし、電圧を加え続けるためには「偏差」が必要でありことがわかります。よって、モータのように回転中に速度起電圧が発生する用途では、偏差は零にならずに、定常的な電流偏差が発生します。

（b）　比例・積分制御　（PI制御）

比例制御に加えて、誤差信号の積分値を出力に加算するものです。誤差が零になるまで、積分値が増え続けますので、速度起電圧などの外乱がある場合でも、定常的な誤差を零にすることができます。

（c）　比例・積分・微分制御　（PID制御）

比例・積分制御に加えて、誤差信号の微分要素を加算して出力します。誤差信号に振動などの交流変動がある場合に有効となる場合があります。「微分」処理は、フィードバック値に含まれる高周波域のノイズを拡大してしまうので、通常は図に示すような不完全微分（高周波数域において、ゲインを有限にする伝達関数）を用います。

以上のような構成の制御器を用いるのが、古典制御では一般的といえます。以下、実製品のモータ制御で用いられている制御設計法を解説します。

図4-8は、制御対象の逆モデルと、積分制御を組み合わせた構成の制

− 94 −

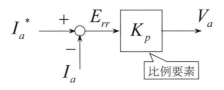

(a) 比例制御(P制御)

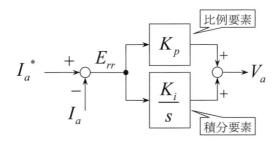

(b) 比例・積分制御(PI制御)

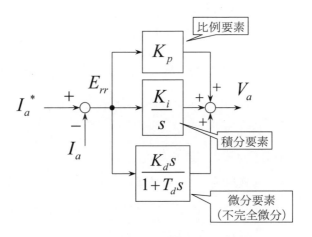

(c) 比例・積分・微分制御(PID制御)

〔図 4-7〕各種制御器

第4章 フィードバック制御

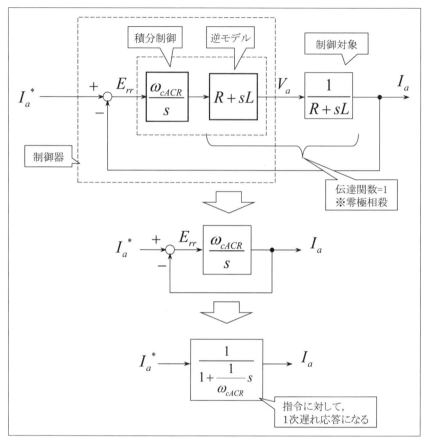

〔図 4-8〕逆モデル・積分補償による制御器

御器です。制御器自体に「逆モデル」を持つことから、制御対象との伝達関数同士の「零極相殺」によって両者のトータルの伝達関数は「1」になります。結果的には、積分制御器（ゲインは ω_{cACR}）の出力をフィードバックすることと等価になります。このフィードバック系は1次遅れとなり、電流指令 I_a^* と実際の電流 I_a の関係は時定数「$1/\omega_{cACR}$」で追従することになります。すなわち、この制御設計を行えば、指令に対する応答

周波数は、ω_{cACR} そのものにすることができます。指令応答として、例えばステップ状の電流指令を与えた場合、図 4-9 のような応答になります。ω_{cACR} を大きく設定するほど、短い時間で電流指令に追従させることになります。応答時間を自在に設定できるのと同時に、ステップ入力に対する定常偏差も零にすることができます。

具体的には、積分制御器と逆モデルのトータルが制御器となりますので、図 4-10 のように制御ブロックをまとめますと、最終的には PI 制御器となります。PI 制御器の各ゲインは、

比例ゲイン　　$K_p = \omega_{cACR} L$ ……………………………………(4-5)

積分ゲイン　　$K_i = \omega_{cACR} R$ ……………………………………(4-6)

と設定すればよいことになります。これで制御設計は完了です。ここで、ω_{cACR} は、システムとしての必要な応答時間から設定します。サーボモータの場合ですと 1,000 〜数 1,000 [rad/s] 程度、ファンやポンプなどの動力的な用途であれば、数 100 [rad/s] 程度に設定することが多いようです。

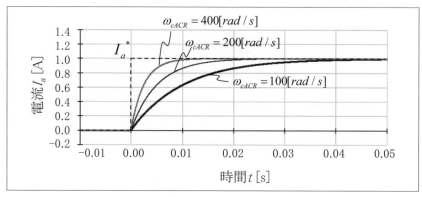

〔図 4-9〕電流制御時の応答波形例

また、LとRは、対象となるモータのインダクタンスと抵抗に合わせます。よって、これらの値がわからないとゲインは定まらないことになり、別途計測する必要があります。

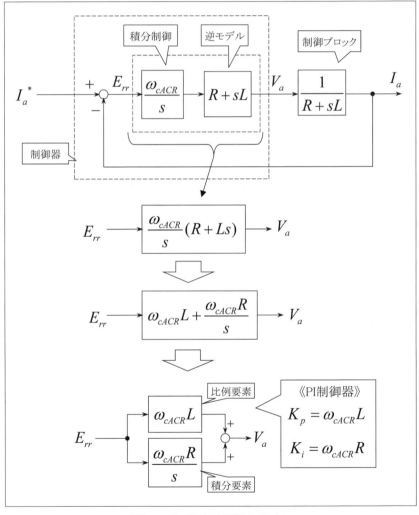

〔図4-10〕電流制御器のゲイン

（4）ソフトウエアによる実装

　式 (4-5)、(4-6) によって制御ゲインは決定されますが、これをデジタル制御として実装する必要があります。デジタル制御を行うには、離散系のシステムに変換した上で、制御ゲインを再設計する必要がありますが、実際の組み込みソフトの現場では、連続時間系で得たゲインを、そのままオイラー法で実装することが多いです。

　これは、演算処理周期が応答時定数に対して十分短ければ誤差は少なくなることと、また、演算処理周期自体がしばしば変更されるケースが多いことも要因になっています。モータ制御ではインバータなどのスイッチング動作を基本とした変換器を用いるため、演算処理周期はそのスイッチング周波数にリンクして変化します。ですので、演算処理周期の変更を反映しやすいオイラー法が適しているといえます。

　図 4-11(a) が連続時間系で表した PI 制御器であり、これをオイラー法によってデジタル化したものが同図 (b) になります。積分処理は、入力信号に処理周期 T_s を乗じた値を、前回の値（1 サンプル前の値）に加算することで実現しています。

　これらの PI 制御処理を、例えば簡単に C 言語表記のソフトウエアで表すと、同図 (c) のようになります。ここでの「ACR_PI()」は電流制御モジュール（サブルーチン）であり、制御処理周期毎に呼び出されて実行されます。

　尚、これら図 4-11(b)、(c) は概念図であり、実機に実装する場合にはもう少し複雑になります。例えば、積分処理には正側、負側の「リミッタ」が必須であり、リミッタ値に到達した場合には、積分動作を止める処理も必要になります。

第4章 フィードバック制御

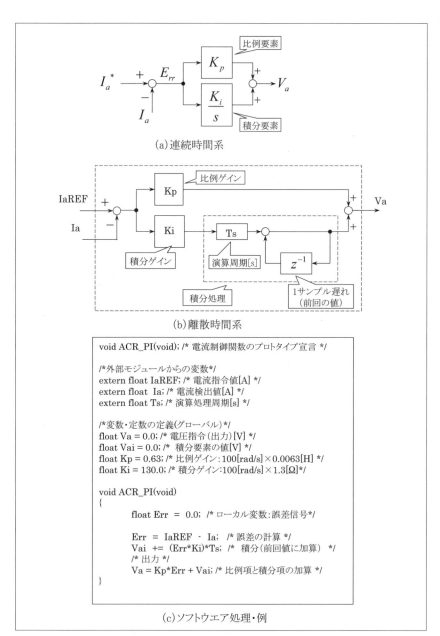

〔図 4-11〕マイコン実装時の電流制御

4.4 速度制御系の設計（直流モータの例）

　4.3 節では、直流モータを例に電流制御系の具体的な設計例を示しました。「電流指令」で駆動されるドライブシステムというのは、例えば電気自動車や鉄道などがそれに該当します。電気自動車の「アクセル」はトルク指令になりますので、アクセルペダルの角度をそのまま電流指令として制御器に与えることで、電気自動車を操作できます。自動車の走行速度は、人間が速度メータを見ながら、アクセルで操作して制御しています。

　本節では、速度制御に関して自動制御（フィードバック制御）を行うことを考えます。

　直流モータにおいて、電流とモータの発生トルク T_m との関係は、

$$T_m = \phi_m I_a \quad \cdots\cdots\cdots\cdots\cdots\cdots\cdots\cdots\cdots\cdots\cdots\cdots\cdots\cdots \text{(4-7)}$$

と表すことができます。ここで ϕ_m はトルク係数であり、物理量としては「磁束鎖交数」になります。モータに対する負荷トルクを T_L として、これらと回転数 ω_{rm} との関係は、

$$J\frac{d}{dt}\omega_{rm} = T_m - T_L - D\omega_{rm} \quad \cdots\cdots\cdots\cdots\cdots\cdots\cdots\cdots \text{(4-8)}$$

となります。式 (4-8) を元に、ブロック線図を描くと、図 4-12 のようになります。ここで、電流 I_a から回転数 ω_{rm} までの伝達関数を求めると、

$$G_{pm}(s) = \frac{\phi_m}{D + Js} \quad \cdots\cdots\cdots\cdots\cdots\cdots\cdots\cdots\cdots\cdots \text{(4-9)}$$

となります。ここで、J は回転体の慣性モーメント（イナーシャ）であり、

— 101 —

第4章 フィードバック制御

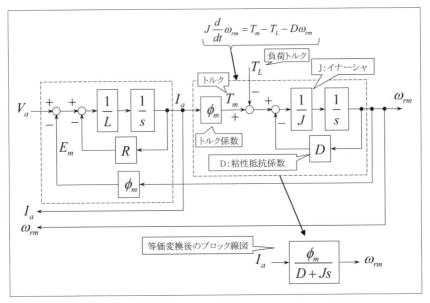

〔図4-12〕機械系を含めた直流モータのブロック線図

D は粘性抵抗係数になります。

これで機械系のモデル化は完成しましたので、制御系の設計を行います。速度制御系は、図4-13(a) に示すような、電流制御系を内側に配した「マイナーループ制御」を用いるのが一般的です。この構成では、速度制御器において、速度指令 ω_{rm}^* と実速度 ω_{rm} との誤差信号に基づいて電流指令 I_a^* を生成するように機能し、この電流指令に基づいて、4.3節で設計した電流制御系を動作させています。

ここで、電流制御系はすでに設計が完了しており、電流指令 I_a^* に対して、I_a は設定応答周波数 ω_{cACR} で応答します。よって、よって電流指令から実際の電流までの応答は、図4-13(b) のような1次遅れで近似することができます。

この電流制御系の応答時定数 ($1/\omega_{cACR}$) を考慮して、これよりも十分

長い時定数(つまり、低い応答周波数)になるように速度制御系を設計すれば、電流制御系を無視して同図(c)のようにみなすことができます。

ここまでくれば、あとは電流制御の設計と同様に、積分制御と逆モデルの組み合わせで制御器を構成することができます。図4-14に、速度

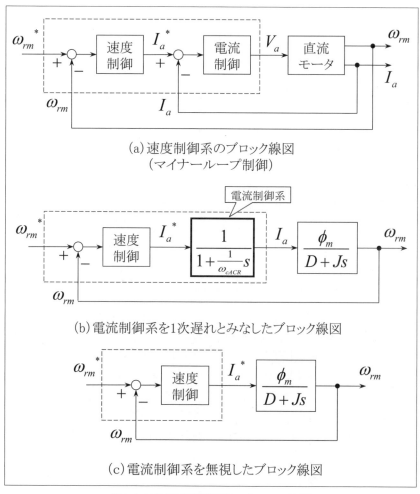

〔図4-13〕速度制御系のブロック線図

制御系の設計を示します。結果として、速度制御系もPI制御となり、

比例ゲイン　　$K_{pASR} = \dfrac{\omega_{cASR} J}{\phi_m}$ ……………………………… (4-10)

積分ゲイン　　$K_{iASR} = \dfrac{\omega_{cASR} D}{\phi_m}$ ……………………………… (4-11)

のように制御ゲインを設定すればよいことになります。

　ここで、速度制御系の応答周波数 ω_{cASR} と、電流制御系の応答周波数 ω_{cASR} の関係を、ボード線図（ゲイン特性図）で表すと、図4-15のよう

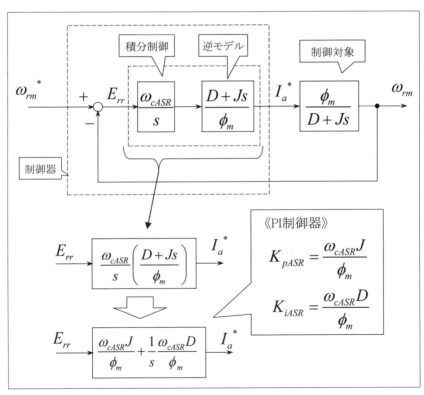

〔図4-14〕速度制御器のゲイン

になります。速度制御系は、逆モデルと積分制御によって、0[dB]を横切るときの直線の傾きが-20[dB/dec]となり、安定となります。また、電流制御応答は、それよりも5倍程度以上高く設定することで、速度制御系への影響がないように設定されます。この「5倍程度以上」の差があることが極めて重要であるといえます。「5倍程度」というのも、様々な条件によって変化します。例えば、粘性抵抗係数Dやモータの抵抗Rがほぼゼロの場合には、干渉し易くなる傾向にあります。また、制御器自体の演算処理周期も応答性能に関係してきますので、それらをシミュレーション等で前もって確認することは、重要なことといえます。

制御系の設計では、このような制御処理周期や、設定応答周波数の干渉への配慮が極めて重要になります。

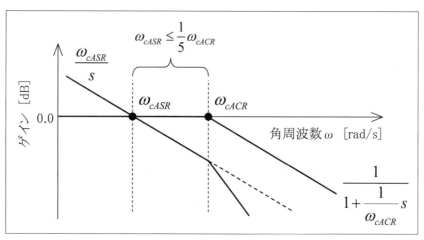

〔図4-15〕速度制御系の一巡伝達関数（開ループ伝達関数）

第4章 フィードバック制御

コラム：制御の掟破り "零-極相殺"

　本章で示したゲイン設計法（例えば、図4-10、図4-14）は、「零 - 極相殺」と呼ばれる手法であり、制御対象の伝達関数の分母、分子を打ち消す方式です。これは、現代制御理論を中心とした研究者から否定されている手法であり、古典制御の教科書にさえ、ほとんど明記されていません。

　その理由は、「制御対象の分母、分子のパラメータに誤差がある場合、不安定に陥る可能性があるため」というものです。現代制御における「状態フィードバック」は、この問題を解決できるものであり、パラメータの誤差に関して、ロバスト性が増すものなのだ、というのが現代制御を扱う研究者の言い分です（かく言う私も、博士論文にて現代制御を使用していますが）。学会などで、本書の設計法を説明すると、「その設計方法はけしからん」と、何度か大学の先生からご指摘を受けた記憶があります。しかし、文献 [1]、[2] など、モータ制御の実践的な教科書には、しっかりとこの「零 - 極相殺」が明記されています。

　本章で示したように、モータ制御における制御対象は一般的には1次遅れ要素であるため、パラメータは2つです。これらが多少ずれたとしても修正は容易です。例えば、ステップ入力に対して、応答の立ち上がりが遅ければ比例ゲインが不足気味であるとわかりますし、最終値への収束が遅ければ、積分ゲインが不足であることがわかります。2つ程度のパラメータ誤差の影響は、実機をみての修正が可能なものです。

　さらに、製品設計の「現場」においては、「設計書」を確立しておく必要があります。理想的には、表計算ソフトに目標応答やモータのパラメータを入力すれば、制御ゲインが「ポン」と数値で出てくるような形にすべきです。ボード線図を引いて、補償要素を検討するような余裕は、現

－ 106 －

場の設計ではない（特に量産品ではない）と考えてよいです。その意味でもゲイン設計を明確にできる「零 - 極相殺」が用いられています。

第5章

V/F一定制御

本章では、誘導モータの代表的な駆動方法の一つである「V/F 一定制御」について解説します。誘導モータは、三相交流電源によるオープンループ制御によって、簡単に可変速駆動が実現できる特長がありますが、この駆動法が「V/F 一定制御」です。V/F 一定制御は、基本的にはモータのパラメータの設定が不要であり、しかも安定駆動が実現できます。これは他の交流モータにはない優れた特徴であるといえます。現在もファンやポンプ用の誘導モータには、V/F 一定制御が多く利用されています。

5.1　V/F 一定制御の原理

　図 5-1 に、誘導モータの電気回路モデルを示します。第 2 章において、誘導モータのベクトル制御へ向けての数式モデルを導出しましたが、電気機器学の教科書の多くでは、図 5-1 のような等価回路で誘導モータを表現するのが一般的です。本節でも、V/F 一定制御の原理説明のために、図 5-1 の等価回路を用いることにします。

　図 5-1 に示すように、誘導モータは 2 次回路を短絡した変圧器に酷似した等価回路で表わすことができます。図における ℓ_1、ℓ_2 は、1 次、2 次巻線の漏れインダクタンスを表しています。また 2 次回路には、モータの等価機械出力を表す抵抗が、「すべり s」の関数として用いられています。すべり s は、誘導モータへ印加する交流の電気角周波数 ω_1 と、誘導モータの回転角周波数を電気角周波数に換算した角周波数 $\omega_{re}(=\omega_{rm} \times (P/2))$ で定義され、

$$s = \frac{\omega_1 - \omega_{re}}{\omega_1}$$ ··· (5-1)

- 111 -

第5章 V/F一定制御

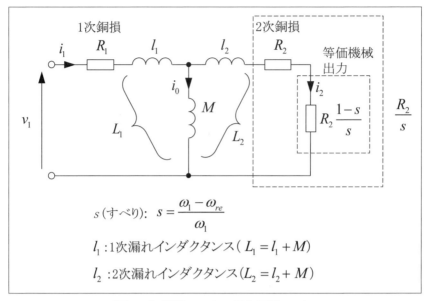

〔図5-1〕誘導モータの電気回路モデル

となります。

　ここで誘導モータを理想化し、漏れインダクタンスや1次巻線抵抗が零であるとすると、図5-1は図5-2のように表すことができます。この場合、誘導モータの内部に生成される主磁束 ϕ_0 は、励磁インダクタンス M に流れる電流 i_0 によって生成され、その主磁束 ϕ_0 と、すべり s に応じて2次回路に流れる電流 i_2 によってトルクが発生します。つまり、主磁束 ϕ_0 を一定に保つことができれば、トルクはすべり s に応じて線形に出力されることになります。

　主磁束を一定にするには、i_0 を ω_1 に拘わらずに一定になるように制御すればよいことになります。理想化された誘導モータ（漏れインダクタンスを零とした場合）では、

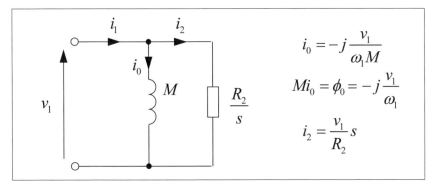

〔図 5-2〕理想化した誘導モータの等価回路モデル

$$i_0 = -j\frac{v_1}{\omega_1 M} \quad \cdots\cdots\cdots\cdots\cdots\cdots\cdots\cdots\cdots\cdots\cdots\cdots\cdots\cdots\cdots (5\text{-}2)$$

が成り立つため、印加電圧 v_1 とその周波数 ω_1 の比率を一定に維持すれば、i_0 が ω_1 に寄らずに、常に一定にできることがわかります。すなわち、電圧と周波数の比率（V/F）を一定とすることで主磁束が維持され、誘導モータを安定駆動できることになります。これが V/F 一定制御の基本的な考え方です。

V/F 一定制御では、図 5-3 に示すように、誘導モータへの周波数指令に比例するように電圧振幅を決定しています。例えば、定格周波数で定格電圧になるような傾きを与えればよく、モータ定数などの設定は必要ないことになります。

しかし、実際の誘導モータは、漏れインダクタンスや巻線抵抗の影響によって、必ずしも主磁束を一定に保つことはできず、トルクの限界は駆動周波数によってわずかに変化します。実際の V/F 一定制御では、図 5-3 のように低速域の電圧を高めに設定し、巻線抵抗 R_1 の影響を受けにくくするなどの補正を加えています（これをトルクブーストと呼びま

第5章 V/F一定制御

す)。これらの特性の詳細は、このあとの実験で説明します。

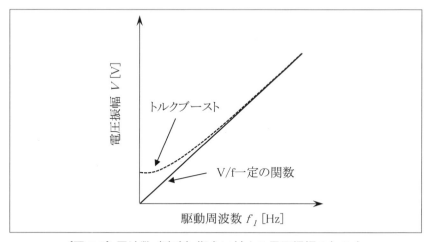

〔図5-3〕周波数(速度)指令に対する電圧振幅の与え方

5.2 シミュレーション

　第2章で作成した誘導モータのモデルを用いて、V/F一定制御のシミュレーションをしてみましょう。図5-4にシミュレーションの構成を示します。誘導モータはベクトル制御を想定したdqモデルになっていますが、V/F一定制御を適用することももちろん可能です。

　図5-4に示すように、制御のためのV/F一定制御モデルを追加し、v_{1d}を常に零、v_{1q}は、誘導モータの角周波数ω_1に比例して与えるように、比例係数K_vを乗じて決定しています。また、負荷は第4章でも扱った機械系のモデルになっています。

　シミュレーションに用いた誘導モータのパラメータを表5-1に示します。シミュレーションでは、誘導モータを1,500[$\min^{-1}$]の一定速度で駆動し、負荷トルク外乱T_Lを与えて、回転速度や電流の挙動を調査します。

　図5-5にシミュレーションの波形を示します。シミュレーションでは、誘導モータを一定の交流電圧（50[Hz]、180[V]）で無負荷駆動し、時刻

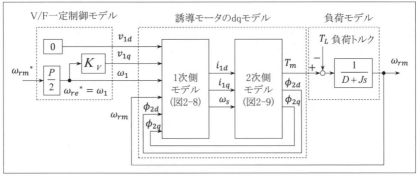

〔図5-4〕誘導モータのV/F一定制御系の構成

- 115 -

第5章 V/F一定制御

[表 5-1] シミュレーションならびに実験に用いた誘導モータ

パラメータ	値
出力	2.2 [kW]
回転数	1,500 [min^{-1}]
極数	4
定格トルク	14 [Nm]
定格電圧（線間電圧実効値）	200 [V]
定格電流（相電流実効値）	8.4 [A]
1次巻線抵抗 R_1	0.44 [Ω]
2次巻線抵抗 R_2	0.33 [Ω]
1次、2次インダクタンス L_1、L_2	67.6 [mH]
相互インダクタンス M [H]	62.8 [mH]

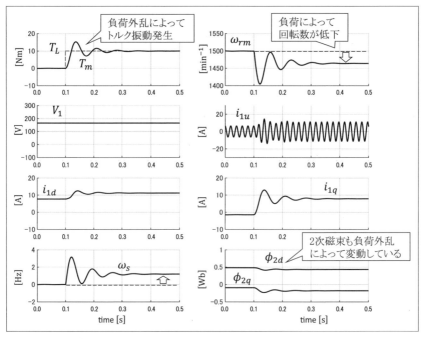

[図 5-5] 誘導モータの V/F 一定制御のシミュレーション波形例

t=0.1 [s] において負荷外乱 T_L を与えました。その結果、誘導モータの発生トルク T_m が振動しながら上昇し、t=0.3 [s] ぐらいに収束しています。負荷の発生に伴い、すべり周波数 ω_s が発生し、その分、回転数 ω_{rm} が減少しています。

　また、誘導モータの電流 i_{1d}、i_{1q} は、ベクトル制御で定義される d 軸、q 軸とは異なり、d 軸は無効電流、q 軸は有効電流に相当する電流になっています。負荷が増えることで、有効電流成分 i_{1q} が大幅に増加していることがわかります。さらに二次磁束 ϕ_{2d} が微減し、ϕ_{2q} が負の値として発生しています。ベクトル制御では、ϕ_{2q} を零に制御して、トルクの線形化を実現しますが、V/F 一定制御はそれが実現されていないことがわかります。しかし、トルクが抜けることもなく、負荷外乱に対して安定駆動が実現できています。

5.3 V/F 一定制御の基本構成での実験

(1) 制御の基本構成

　図 5-6 に、V/F 一定制御の基本構成を示します。回転速度指令 ω_{rm}^* に対して極対数 (P/2) を乗じて電気角周波数 ω_1 を求め、それを K_v 倍して、電圧振幅に相当する v_{1q} を計算しています。v_{1d} の方は零として与えています。

　ω_1 を積分することで、交流電圧の位相 θ_d[rad] を計算し、「dq 逆変換器」によって、三相交流電圧指令 v_{ur}、v_{vr}、v_{wr} を得ます。この「dq 逆座標変換」は、dq 座標軸上の値 v_{1d}、v_{1q}（これらは直流量）を、三相の交流電圧に変換するものであり、交流モータの制御には欠かせないものです。本書では、巻末の付録に詳細が記されていますので、そちらを参考にして下さい。ここでは、位相 θ_d と振幅 v_{1q} から三相交流を生成するブロックと考えて下さい。

　dq 逆座標変換によって得られた三相交流電圧指令 v_{ur}、v_{vr}、v_{wr} に対し

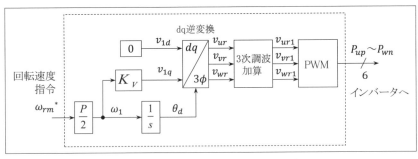

〔図 5-6〕V/F 一定制御の基本構成

て３次調波加算（第３章、3.3節（2））を行い、最後にPWM処理によってインバータのゲートを駆動するパルス信号 $P_{up} \sim P_{wn}$ を生成します。これら一連の処理をマイコンに組み込みます。

（2）実験結果

実験は、表5-1に示す誘導モータを用いて、IGBTで構成したインバータをキャリア周波数5[kHz]に設定して実施しました。

図5-7に、図5-6の制御を用いた実験波形を示します。図5-7(a)は停止状態から5[Hz]（機械角周波数、300[min^{-1}]）まで加速したときの相電流 i_{1u} の波形です。速度指令 $\omega_{rm}{}^*$ の上昇に従い、i_{1u} の周波数が上昇していますが、t=1.5〜1.9[s]ぐらいの間では、電流が全く流れていないことがわかります。また、電流が流れ出した直後には、電流が激しく変動していることがわかります。この現象は、インバータのデッドタイムの影響（第３章、3.4節（2））が考えられ、電圧指令に対して大きな誤差が発生していることが予想されます。また、起動時にも電圧精度が低いことが影響して励磁電流が十分に流れず、主磁束が確立されていないため、トルクが不足して電流が跳ね上がる原因となっています。

図5-7(b)には、加速終了後の定常状態の i_{1u} の波形を示します（この誘導モータは４極のため交流周波数は10[Hz]になっています）。この電流波形には、非常に大きなひずみが発生していることがわかります。電流波形が零をよぎる近傍で波形が不連続になっていますが、これはデッドタイムの影響による典型的なひずみ波形であるといえます。

この実験からは、いずれにしてもデッドタイムのひずみ補償は重要であることがわかります。

- 119 -

第5章 V/F一定制御

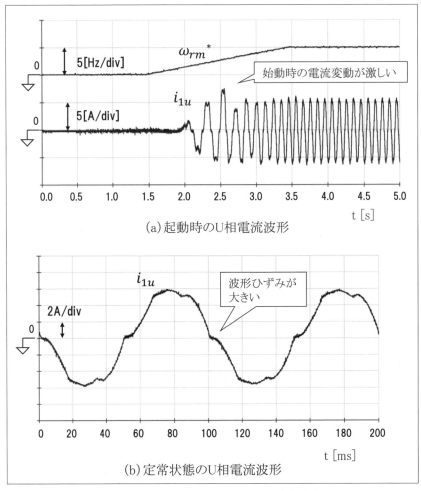

〔図 5-7〕V/F 一定制御での駆動試験（1）

5.4 デッドタイム補償を付加した V/F 一定制御の実験

(1) デッドタイム補償の構成と原理

　図5-8にデッドタイム補償を付加したV/F一定制御の構成を示します。図5-6の構成に、デッドタイム補償器を追加した構成になっています。

　デッドタイムは、第3章3.4節で述べたように、インバータの出力電圧の過不足を生じさせる要因になります。よって、その誤差電圧を補償するため、フィードフォワードとして補償電圧 v_{ud}、v_{vd}、v_{wd} を計算して、

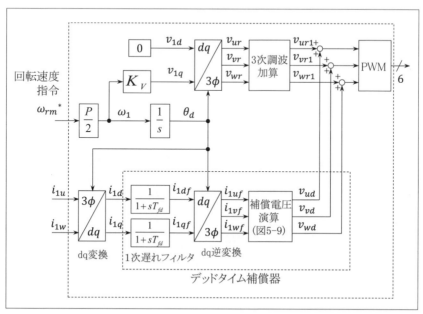

〔図5-8〕デッドタイム補償を付加したV/F一定制御の構成

第5章 V/F一定制御

三相電圧に予め加算します。

デッドタイムによる誤差電圧は、三相各相の電流の極性（符号）に依存しますので（第3章、3.4節参照）、相電流の正負の極性を検出する必要があります。そのため、図5-8の左下に示すように、交流電流 i_{1u}、i_{1w} を読み込み、dq座標変換によって i_{1d}、i_{1q} を検出しています。V/F一定制御では、原理的には相電流の検出は不要なのですが、デッドタイムの誤差を補償するためには、電流検出が必須になります（なお、三相電流のうち、2相（i_{1u}、i_{1w} のみ）しか検出していないのは、三相電流の総和が零になるという原理を利用しているためです）。

相電流情報をそのまま利用して、デッドタイム補償電圧を計算することも可能ですが、相電流にはインバータのスイッチングに伴うリプルが含まれているため、電流極性の判別を誤検知する可能性があります。これを防ぐために、ローパス・フィルタを挿入することも考えられますが、その場合は交流波形の位相ずれの問題が生じてしまいます。

図5-8では、相電流をdq座標変換して、直流量である i_{1d}、i_{1q} を得て、これらの直流量に対して1次遅れフィルタ（ローパス・フィルタ）を介して、電流リプルなどの脈動を取り除いています。その後、再びdq逆変換によって三相の電流値 i_{1uf}、i_{1vf}、i_{1wf} に変換し、補償電圧を演算します。これら三相の電流値 i_{1uf}、i_{1vf}、i_{1wf} は、フィルタによって脈動成分が排除され、また位相遅れも発生しないため、補償電圧演算にそのまま利用することができます。

図5-9に補償電圧演算器の動作を示します。交流電流 i_{1uf}、i_{1vf}、i_{1wf} に対して、簡単な関数によって補償電圧を計算しています。基本的には、各電流が「正」であれば「V_{OD}」、「負」であれば「$-V_{OD}$」を出力し、さらに不感帯が設けられています。不感帯は $\pm I_{th}$ とし、I_{th} は定格電流の

- 122 -

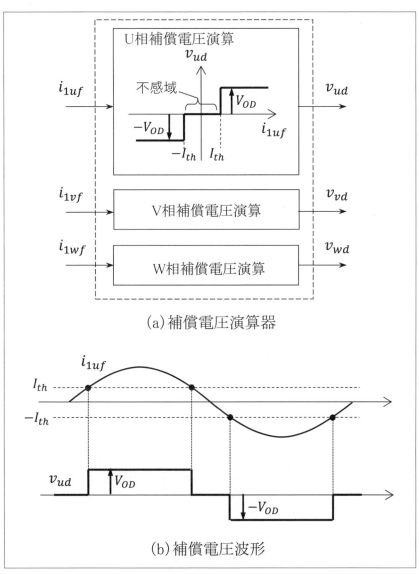

〔図 5-9〕補償電圧演算器の動作

第5章 V/F一定制御

5[%] に設定しています。これらは零近傍での「ばたつき」を防止するためのものです。また、V_{OD} はインバータの直流電圧 E_{DC}、キャリア周波数 f_c、デッドタイム時間 t_d、補償率 K_{td} で決定され、

$$V_{OD} = K_{td} \cdot E_{DC} \cdot t_d \cdot f_c \quad \cdots\cdots\cdots\cdots\cdots\cdots\cdots\cdots\cdots\cdots\cdots\cdots \text{(5-3)}$$

として計算できます。K_{td} は、0〜1 の範囲での調整要素で、基本的には「1」ですが、パワー半導体素子のテール電流は使用条件によっても変化するため、波形を観察しながら調整するのがよいといえます。

（2）実験結果

図 5-10 にデッドタイム補償を追加した実験波形を示します。起動時の波形、定常状態の電流波形が大幅に改善されていることがわかります。特に定常状態では、ひずみの少ない正弦波電流が誘導モータに流れていることがわかります。また電流の振幅も図 5-7(b) に比べて大きくなっていることがわかります。これは、デッドタイムによって欠落していた電圧が修正されたことで、本来の大きさの電流が流れたことによります。

しかし、始動時の電流の跳ね上がりが、図 5-7(a) よりもひどくなっていることがわかります。デッドタイム補償は、原理上、電流が流れることで実現しますので、始動時のように電圧指令が小さく、デッドタイム以下のパルス幅の場合には誘導モータに電流が流れず、補正が不可能となってしまいます。よって、始動時には強制的に電流を流し込む仕組みが必要になります。

なお、今回説明したデッドタイム補償は、実際に流れた電流に基づいて、ソフトウエアによって補償するものですが、次章以降のベクトル制

- 124 -

御では、検出電流の代わりに指令電流を用いて補償することも可能です。また、誘導モータの場合、常に励磁電流を流しますので、電流の正負の極性は判別が容易で、この方式はかなり有効です。例えば、励磁電流が不要な永久磁石同期モータの場合には、無負荷時には電流が零となりますので、このような補償方法は誘導モータよりも難しくなります。

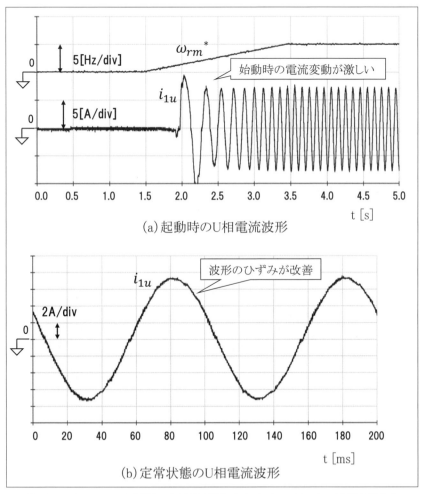

〔図 5-10〕V/F 一定制御での駆動試験（2）（デッドタイム補償を追加）

5.5 始動時の電流補償を付加したV/F一定制御の実験

(1) d軸電流フィードフォワードの追加

　始動時の電流を確保するため「d軸電流フィードフォワード」を追記したV/F一定制御の構成を図5-11に示します。本補償では、これまでは零に設定していたd軸電圧v_{1d}に値を設定します。励磁電流指令i_{1d0}と、それに1次巻線抵抗R_1の値を掛け算したものをv_{1d}として、始動時から電圧を印加します。このv_{1d}は、回転速度指令を与える前から設定することで、始動前に誘導モータの主磁束を立ち上げることができます。

　誘導モータの大きな特徴として、主磁束（二次磁束）の動きが非常に

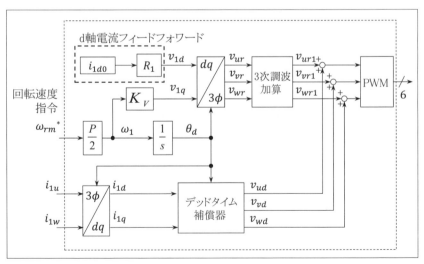

〔図5-11〕d軸電流フィードフォワードを付加したV/F一定制御の構成

遅い（時定数が長い）というものがあります。この「遅い」というのは、個人の感覚によって異なると思いますが、例えば、誘導モータの電流制御応答（第6章以降）は、1[ms]程度の時定数で応答が可能です。これに対して、この実験に用いている誘導モータの磁束の応答時定数（$T_2=L_2/R_2$）は0.2[s]程度であり、2桁程度「遅い」と言えます。つまり、磁束が十分に確立するためには、時定数の5倍程度の時間、すなわち1[s]程度が必要になります。よって本実験では、速度指令を与える1[s]前に励磁電流指令を与えて磁束を確立し、その後、始動するようにします。

（2）d軸電流フィードフォワードの実験結果

図5-12に、図5-11の構成による実験結果を示します。$i_{1d0}=6.2$[A]に設定し、時刻t=0.5からランプ状に電流指令を与えています。実験結果

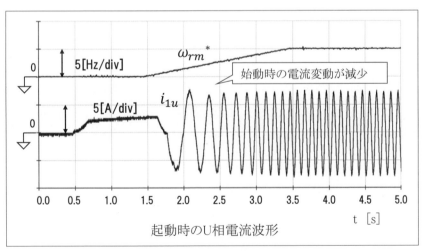

〔図5-12〕V/F一定制御での駆動試験（3）
（励磁電流のフィードフォワード項を追加）

からは、2.5[A]程度の直流電流が流れ、図5-10に比べて、電流の跳ね上がりが大きく改善されていることがわかります。しかし、励磁電流指令であるi_{1d0}=6.2[A]には到達していないため、やはり主磁束が不足しているといえます。このずれの要因は、インバータのパワー半導体素子のオン電圧降下や、素子自体の抵抗値によるものと考えられ、これらの補正項も追加すれば、もう少し電流精度が向上する可能性はあります。

(3) d 軸電流制御の追加

図5-13に、d軸電流制御を付加したV/F一定制御の構成を示します。ここでは、始動時の電流不足を補うため、励磁電流のフィードバック制御を導入します。デッドタイム補償のために導入したdq変換の出力i_{1d}

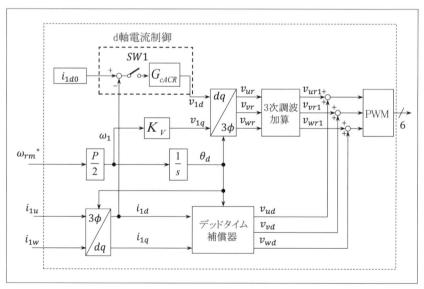

〔図5-13〕d軸電流制御を付加したV/F一定制御の構成

を利用し、その値が励磁電流指令 i_{1d0} に一致するように、フィードバック制御をかけます。図の左上「d 軸電流制御」の中の「SW1」は、制御器 G_{cACR} の入力をオン / オフするものであり、今回の実験では停止時においてのみ、この電流制御器を有効にして、回転開始と同時に SW1 をオフするようにしています。ただし、G_{cACR} に PI 制御を用いるため (第 4 章・4.3 節)、v_{1d} の値は SW1 がオフのあとも残り続けます。

　G_{cACR} は、誘導モータの漏れインダクタンスと 1 次巻線抵抗を制御対象とした PI 制御器であり、第 4 章・4.3 節の設計法に準じたものになっています。尚、電流制御応答 ω_c は 100 [rad/s] に設定しました。

(4) d 軸電流制御の実験結果

　図 5-14 に、d 軸電流制御を追加したときの起動時の波形を示します。

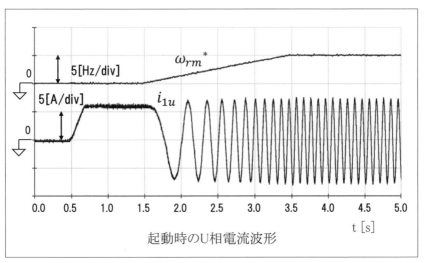

〔図 5-14〕V/F 一定制御での駆動試験 (4) (d 軸電流制御を始動時のみに追加)

第5章　V/F一定制御

電流を強制的に流すことで、誘導モータ内部の主磁束が確立し、始動後も電流の跳ね上がり等がなく、スムーズに加速していることがわかります。

　以上のように、V/F 一定制御では簡便に誘導モータを可変速駆動できる一方、デッドタイム補償や、主磁束を確立することが非常に重要であることがわかります。また、始動特性を改善するためには、制御系も複雑化し、例えば本来不要なはずのモータ定数（R_1 など）も制御系の設計のために必要になります。

$- 130 -$

5.6　乱調現象とその改善策

（1）乱調現象

　前節までに、誘導モータの V/F 一定制御による始動方法を説明しました。この始動によって、定格回転数（無負荷で 1,500 [min^{-1}]、機械周波数で 25 [Hz]）まで加速したときの電流波形を図 5-15(a) に示します。

　定格速度までスムーズに加速したように見えますが、実際には t=8[s] 付近において、「乱調」が発生し、この付近の回転数でモータから大きな振動音が発生しています。わずかですが、電流波形データにも乱調が観測されています。

　t=8[s] 付近は、回転数指令 700 [min^{-1}] になるので、そこで一定速駆動を行い、電流波形を観測した結果を図 5-15(b)、(c) に示します（それぞれ横軸が異なっています）。これらの波形から明らかなように、電流振幅が大きいときと小さいときとで 2 倍以上に激しく変動していることがわかります。

　この現象を「乱調」といい、V/F 一定制御では観測されることがよくあります。これは、機械系の積分要素（イナーシャ）と、誘導モータの積分要素（インダクタンス）によって、伝達関数が 2 次以上の次数となっているため、このような振動を誘発する場合があります。また、機械系が多慣性体であることで共振要素が存在する場合なども乱調の要因として挙げられます。さらに誘導モータ特有の問題として、この機械振動によって二次磁束が大きく変動して、乱調をさらに助長させる場合もあります。

第5章 V/F一定制御

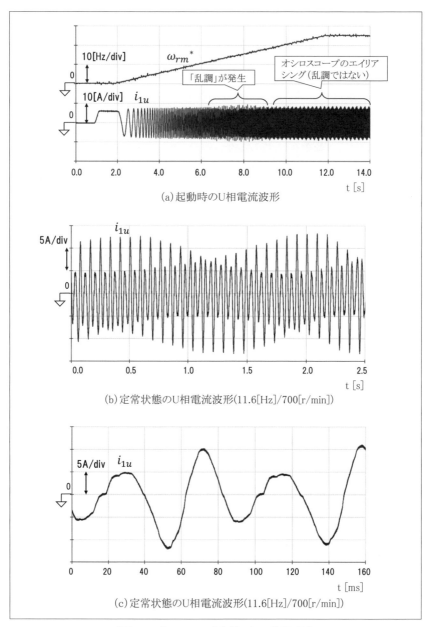

〔図 5-15〕V/F 一定制御時の乱調現象

いずれにしても、乱調の発生によって大きな騒音を発生したり、過電流によってインバータを停止させるなどの不具合を発生する可能性もあり、問題となります。

V/F 一定制御はオープンループ制御であり、システムの固有振動を打ち消す作用がないため、乱調の発生の有無はシステム任せとなります。このシステムの固有振動を抑える重要な要素は「損失」（誘導モータであれば巻線抵抗、機械系では摩擦、粘性係数、風損など）ですが、近年のシステムの高効率化に伴ってこれら「損失」は激減しており、振動現象（乱調）は誘発されやすい傾向にあると言えます。尚、この乱調は、ベクトル制御のように電流制御系、速度制御系を組んだシステムでは発生し難い傾向になります。

（2）乱調現象の対策

振動現象というのは、制御工学として考えれば"位相余裕"がなくなり、安定限界付近でシステムが動作していることですので、何かしらの「位相補償」（特に「進み補償」）が必要ということになります。実験では、「d 軸ダンピング」と、「q 軸ダンピング」の2つの対策を試みます。

「ダンピング制御」というのは、損失要素を増加させる作用のあるものであり、例えば機械系の「オイル・ダンパー」のような動作を、制御的に実現するものです（損失そのものを増やすわけではありません）。

dq 変換後の電流 i_{1q} は、有効電流に相当する電流であり、この電流が増加すれば、負荷が増えて誘導モータからのパワーが要求されている状態であるといえます。その際、この負荷に「合わせる」形で、回転速度を下げる方向に修正します。すると、負荷の増加に見合って速度が低下

- 133 -

🔒 第5章 V/F一定制御

することになり、i_{1q} の増加を抑える方に作用します。つまり、負荷変動に対して「頑張る」のではなく、負荷に合わせる形で速度を下げることで振動を低減させます。この制御は、電流 i_{1q} の変化時にのみ作用させるべきものであり、i_{1q} が一定となった直流量に対しては回転速度の修正は行うべきではありません。よって、直流成分をカットしたハイパス・フィルター系（進み補償系）の補償が有効であると言えます。

同様にして、d軸電流 i_{1d} に対しても補償ループを考えることができます。i_{1d} が増加した場合、主磁束が増加傾向にあるため、トルクが増加し、速度が上がる方向であることになります。よって i_{1d} の増加に応じて駆動周波数も上昇させることで、振動成分を抑制できることになります。d軸ダンピングは、q軸ダンピングと逆の補償極性になります。

この動作を組み込んだ制御構成を、図5-16に示します。図では、i_{1d}、i_{1q} に対して進み補償要素を介して、電気角周波数 ω_1 に補正量である ω_{Dd} と ω_{Dq} を加算、ならびに減算しています。尚、これら2つのダンピング補償は必ずしも同時には必要ありません。どちらか一方で効果が得られる場合がほとんどといえます。個人的な経験では、q軸ダンピングのみで効果が得られる場合が多いように思います。

（3）d軸、ならびにq軸ダンピングの構成例

d軸、ならびにq軸ダンピングに用いる伝達関数のゲイン特性図を図5-17に示します。直流成分をカットするための角周波数 ω_D は、今回は 50[rad/s]（約8[Hz]）に設定しました。また、高周波数域のゲインを抑制するため、$\omega_E = 1000$[rad/s] とした1次遅れ要素によってゲインを抑えています。結果としてバンドパスフィルタの構成になります。この伝達関

― 134 ―

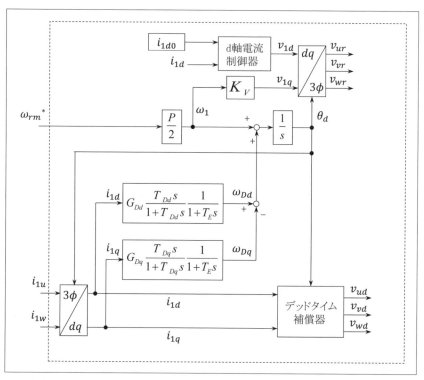

〔図5-16〕d軸、q軸ダンピング制御を付加したV/F一定制御の構成

数全体に、G_{Dq}（あるいは G_{Dd}）の比例ゲインをかけて、ダンピング制御全体の感度を決定させています。

　G_{Dq}、ならびに G_{Dd} のゲイン設定は、システム全体の伝達関数を考慮し、数学的に安定となる範囲を決定するのが制御工学的には正しいアプローチと言えますが、今回はカット＆トライによって、これら G_{Dq}、G_{Dd} の値を設定して、システムの挙動を確認することにします。

　ダンピング制御のブロックを、連続時間系、ならびに離散時間系で実現した例を図5-18(a), (b)にそれぞれ示します。連続時間系における積分器の動作を、離散時間系では1サンプル遅れ（z^{-1}）と演算処理時間（T_s）

第5章 V/F一定制御

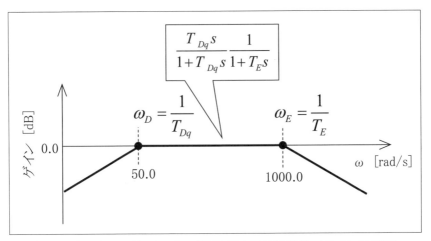

〔図 5-17〕d 軸、q 軸ダンピング制御器の周波数特性（ゲイン特性図）

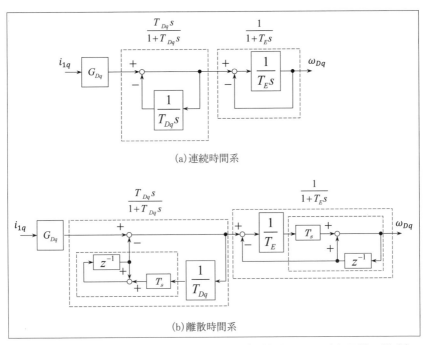

〔図 5-18〕q 軸ダンピング制御器の構成例（d 軸ダンピングも同様の構成）

- 136 -

によって実現し、ダンピング制御の伝達関数を構成しています。

（4）実験結果

　図 5-19、ならびに図 5-20 に、q 軸ダンピング（G_{Dq}=0.05 に設定）、ならびに d 軸ダンピング（G_{Dd}=0.03 に設定）の実験結果を示します（それぞれ単独で動作させています）。どちらの波形も、図 5-15（ダンピングなし）に比べて乱調が大幅に改善されていることがわかります。また、図 5-19 と図 5-20 は、乱調が収まった結果、同じ波形になっているようですが、それぞれの図の (b) の波形をよく見ますと、うねり方にわずかな違いがみられます。

　いずれにしましても、V/F 一定制御において発生する乱調現象に対して、ダンピング制御が極めて有効であることが確認できました。しかし、V/F 一定制御は調整箇所が少ないことがメリットであったのに対し、ダンピングゲインの設定など、新たな調整要因が増えてしまうことになります。

⌂ 第5章 V/F一定制御

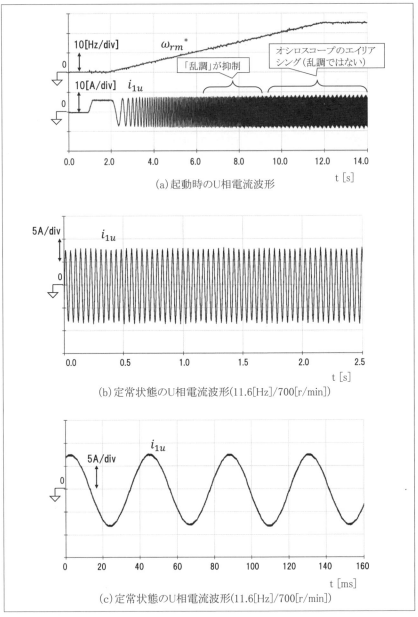

〔図 5-19〕q 軸ダンピング制御による乱調の抑制（G_{Dq}=0.05）

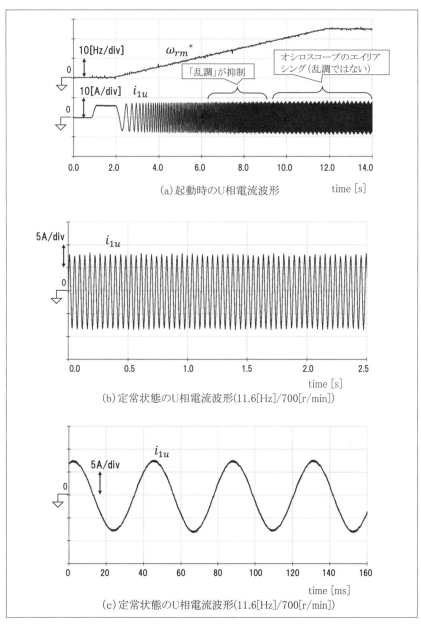

〔図 5-20〕d 軸ダンピング制御による乱調の抑制（$G_{Dd}=0.03$）

5.7 V/F 一定制御の N-T 特性

ドライブシステムの評価方法の一つに「N-T 特性」があります。N-T 特性とは、回転数（N）とトルク（T）の定常状態での特性を取得するもので、仕様範囲での回転数とトルクを出力できることを示すグラフになります。

図 5-21 に、本章の最終形（d 軸電流制御やダンピング制御を加えた状態）における N-T 特性の測定結果を示します。図 5-21 は、駆動周波数 f_1 を 2.5、5、10、25、50[Hz] に設定し、各周波数において負荷トルクを増加させてトルクと回転数の値をプロットしたものです。低速の試験結

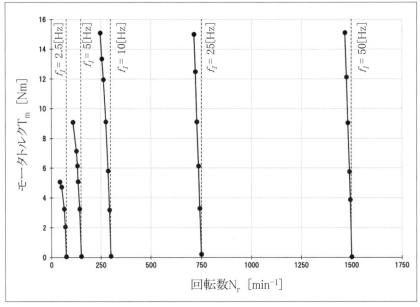

〔図 5-21〕V/F 一定制御における N-T 特性

果では、トルク曲線が高トルク側で消えていますが、これらは誘導モータの発生トルクが負荷トルクに負けてしまい、脱調したことを示しています。

　全体的に負荷の増加に伴って回転数が低下していますが、これはすべりの発生によって原理的に生じる現象です。また 10[Hz] 以上では定格トルク（14[Nm]）以上の駆動が実現できていますが、5[Hz] 以下では最大トルクが低下しています。これは、低速域の電圧が不足しているためであり、トルクブースト（図 5-3）を強めるなどの対策をさらに調整する必要があると言えます。

第5章　V/F一定制御

コラム：銅損か、鉄損か？

　鉄道用の交流モータとして、長い間誘導モータが使用されてきました。誘導モータは、一台のインバータで複数台のモータ駆動が可能ですし、鉄道では「弱め界磁域（定出力領域）」が広く、励磁電流の調整が可能な誘導モータが有利とされてきました。

　近年では、地下鉄などを中心に永久磁石同期モータを採用する路線も増えて来ました。誘導モータと永久磁石同期モータと、果たしてどちらがよいのか？という論争が、一時期学会等でもありました。

　答えは「路線によって使い分ける」のがよいようです。誘導モータは2次巻線があるため、銅損の点では永久磁石同期モータに負けてしまいます。しかし、電源を遮断すれば、単なる慣性体になり、電気的な損失は発生しません。つまり、鉄道独特の「惰行運転」時には最良のモータになります。一方の永久磁石同期モータは、銅損が小さいため、電流をたくさん流す加減速時には誘導モータよりも効率面で有利です。しかし、「惰行」中であっても、「ロストルク」が存在します。これは磁石が鉄に吸い付こうとする特性でもあり、損失（車体への微妙なブレーキ）を発生することになります。また、仕様によっては永久磁石磁束を打ち消すための「弱め界磁制御」が必要となり、さらに効率を下げる可能性もあります。両者の違いは、銅損の少ない永久磁石同期モータか、鉄損の少ない誘導モータか？の選択とも言えます。

　結局のところ、地下鉄のように駅間距離が短く、「加速か、減速か？」のどちらかしかない路線では永久磁石同期モータが有利ですが、駅間距離が長く、惰行期間の長い路線では、誘導モータの方が効率としては有利です。よって、「路線によって違う」が正解といえます。（文献 [5] 参照）

第6章

ベクトル制御

本章では、誘導モータのトルクや回転速度を、高応答、ならびに高精度に制御できる「ベクトル制御」について解説します。誘導モータは、産業分野を中心に三相交流電源による直入れ駆動や、VVVF インバータによる「V/F 一定制御」が長い間使用されていましたが、1980 年代以降、瞬時トルクの制御が可能な「ベクトル制御」が導入されました。これは画期的な技術革新であり、それまで高応答・大容量ドライブシステムに使われていたブラシ付き直流モータをリプレイスすることになりました。

　ベクトル制御の考え方は古くからありましたが、制御アルゴリズムが非常に複雑であったため、1980 年代以前のアナログ回路を中心とした制御回路での実現は困難でした。1980 年代以降、組込用高性能マイコンの登場により、ソフトウエアの柔軟性によって一気に世界に広がった技術といえます。

6.1　等価回路モデルからのベクトル制御の導出

　本節では、ベクトル制御の原理について、誘導モータの等価回路に基づいて説明します。次節では数式モデルを用いて解説しますが、どちらも結果は同じになります。ここは極めて難解なところですので、理解を深めるためにそれぞれについて解説します。

　図 6-1(a) は、第 5 章で示した誘導モータの等価回路モデルです。誘導モータは、変圧器に似た特徴を有しており、一次巻線が固定子、二次巻線が回転子に巻かれていると考えることができます。図6-1(a) において、漏れインダクタンス ℓ_1、ℓ_2 は、一般的に均等に割り振られていますが、

第6章 ベクトル制御

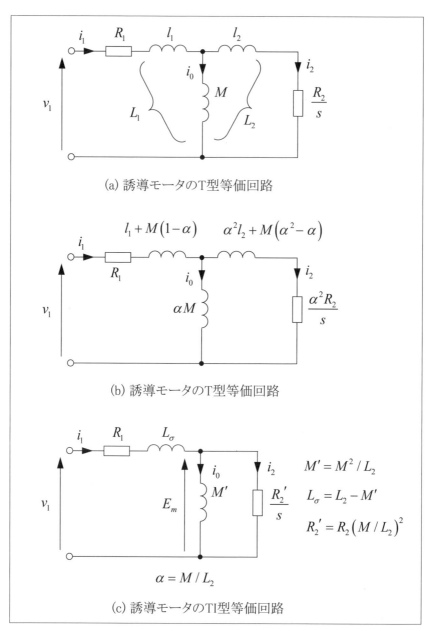

〔図6-1〕誘導モータの電気回路モデル

これらを仮想的に割合を変えるものとします。巻数比 α を用いて、同図 (b) のような回路を考えます。α によって回路定数が変化しますが、等価変換をしているので、モータとしての挙動が変化することはありません。この α の値を、

$$\alpha = M / L_2 \quad\cdots\cdots\cdots\cdots\cdots\cdots\cdots\cdots\cdots\cdots\cdots\cdots\cdots\cdots\cdots \text{(6-1)}$$

とすると、図 6-1(b) は同図 (c) となり、漏れインダクタンスを一次側にまとめることができます。この結果、モータ定数はそれぞれ、

$$M' = M^2 / L_2 \quad\cdots\cdots\cdots\cdots\cdots\cdots\cdots\cdots\cdots\cdots\cdots\cdots\cdots \text{(6-2)}$$

$$L_\sigma = L_2 - M' \quad\cdots\cdots\cdots\cdots\cdots\cdots\cdots\cdots\cdots\cdots\cdots\cdots\cdots \text{(6-3)}$$

$$R_2' = R_2 \left(M/L_2 \right)^2 \quad\cdots\cdots\cdots\cdots\cdots\cdots\cdots\cdots\cdots\cdots\cdots \text{(6-4)}$$

となります。図 6-1(c) において、二次側の起電圧 E_m は、

$$E_m = j\omega_1 M' i_0 = \frac{R_2'}{s} i_2 \quad\cdots\cdots\cdots\cdots\cdots\cdots\cdots\cdots\cdots\cdots \text{(6-5)}$$

の関係になります。ここで、M' を流れる電流 i_0 と、R_2'/s を流れる i_2 とは、90°の位相差となることがわかります。E_m を共通として、i_0 はインダクタンスを流れ、i_2 は抵抗を流れますので、両者は完全に 90°の位相差になります。すなわち、i_0 によって主磁束を生成し、それに直交する方向に i_2 を流して、トルクを生成していることになります。ここで i_0 を一定に制御すれば、トルクは i_2 によって線形に制御されることになり、ベクトル制御が実現できます。つまり、ベクトル制御とは、図 6-1(c) の等価変換を常に実現することに他なりません。

　主磁束の電流を一定に保つと、E_m は ω_1 に比例して変化します。それに応じて、i_2 を制御する必要がありますが、その際、すべり「s」を操作

📖 第6章　ベクトル制御

する以外に手段がないことがわかります。式 (6-5) の関係より、

$$\omega_1 M' i_0 = \frac{R_2{}'}{s} i_2 \quad \cdots\cdots\cdots\cdots\cdots\cdots\cdots\cdots\cdots\cdots\cdots \text{(6-6)}$$

$$s\omega_1 = \omega_s = \frac{R_2{}'}{M'} \frac{i_2}{i_0} \quad \cdots\cdots\cdots\cdots\cdots\cdots\cdots\cdots\cdots\cdots \text{(6-7)}$$

式 (6-7) で左辺はすべり周波数 ω_s を表しています。i_0 を一定にして主磁束を一定に制御することを考えると、i_2 に応じてすべり s を式 (6-7) に従って与えることで、トルクを線形化できることがわかります。さらに、M'、$R_2{}'$ に元の定数を代入しますと、

$$s\omega_1 = \frac{R_2{}'}{M'} \frac{i_2}{i_0} = \frac{\left(\dfrac{M}{L_2}\right)^2 R_2}{\dfrac{M^2}{L_2}} \frac{i_2}{i_0} = \frac{R_2}{L_2} \frac{i_2}{i_0} = \frac{1}{T_2} \frac{i_2}{i_0} \quad \cdots\cdots\cdots\cdots \text{(6-8)}$$

が得られ、2 次時定数 T_2 の逆数と、i_2、i_0 の値から計算して、すべり ω_s を与えればよいことになります。ここで、i_2 と i_0 は直交関係にあることから、それぞれを q 軸、d 軸に割り当てて制御すれば（i_2 を q 軸、i_0 を d 軸）、トルクは q 軸電流によって線形に制御されることになります。

６.２ 数式モデルからのベクトル制御の導出

（１）トルクの線形化

　第２章2.3節に示したように、誘導モータのトルクは以下の式で表す
ことができます。

$$T_m = \frac{P}{2}\frac{M}{L_2}\left(i_{1q}\phi_{2d} - i_{1d}\phi_{2q}\right) \quad \cdots\cdots\cdots\cdots\cdots\cdots\cdots\cdots\cdots \text{(6-9)}$$

ここで、モータのトルクを「線形」に制御するために、$\phi_{2q}=0$ と制御し
ます。その結果、

$$T_m = \frac{P}{2}\frac{M}{L_2}i_{1q}\phi_{2d} \quad \cdots\cdots\cdots\cdots\cdots\cdots\cdots\cdots\cdots \text{(6-10)}$$

となり、d 軸 2 次磁束 ϕ_{2d} を一定に保っておけば、トルクは q 軸 1 次電
流 i_{1q} に比例して発生させることができます。これがベクトル制御の基
本的な考え方であり、ϕ_{2q} を如何にして零に制御するかが重要になりま
す。

（２）ϕ_{2q}＝０ の条件

　第 2 章 2.3 節で、dq 座標軸上での誘導モータの電圧方程式（式 (2-32)
～ (2-35)）を導出しました。ここで、式 (6-11) ～ (6-14) に再度記載します。

$$pL_\sigma i_{1d} = -R_\sigma i_{1d} + \omega_1 L_\sigma i_{1q} + \frac{M}{L_2 T_2}\phi_{2d} + \left(\omega_1 - \omega_s\right)\frac{M}{L_2}\phi_{2q} + v_{1d} \quad \text{(6-11)}$$

－ 149 －

第6章 ベクトル制御

$$pL_\sigma i_{1q} = -\omega_1 L_\sigma i_{1d} - R_\sigma i_{1q} - \left(\omega_1 - \omega_s\right)\frac{M}{L_2}\phi_{2d} + \frac{M}{L_2 T_2}\phi_{2q} + v_{1q} \qquad (6\text{-}12)$$

$$pT_2\phi_{2d} = Mi_{1d} - \phi_{2d} + \omega_s T_2\phi_{2q} \quad \cdots\cdots\cdots\cdots\cdots\cdots\cdots\cdots\cdots (6\text{-}13)$$

$$pT_2\phi_{2q} = Mi_{1q} - \omega_s T_2\phi_{2d} - \phi_{2q} \quad \cdots\cdots\cdots\cdots\cdots\cdots\cdots (6\text{-}14)$$

式 (6-14) において、ϕ_{2q} を零とおくと、

$$0 = Mi_{1q} - \omega_s T_2\phi_{2d} \quad \cdots\cdots\cdots\cdots\cdots\cdots\cdots\cdots\cdots\cdots (6\text{-}15)$$

となり、この条件から ω_s を求めると、

$$\omega_s = \frac{M}{T_2}\frac{i_{1q}}{\phi_{2d}} \quad \cdots\cdots\cdots\cdots\cdots\cdots\cdots\cdots\cdots\cdots\cdots (6\text{-}16)$$

の関係が得られます。上式において、d 軸 2 次磁束 ϕ_{2d} を一定に保つとすると、ω_s を i_{1q} に応じて上式の関係で与えることで、ϕ_{2q} を零に維持できることになります。

また、式 (6-13) において、ϕ_{2q}=0 を代入すると、

$$pT_2\phi_{2d} = Mi_{1d} - \phi_{2d} \quad \cdots\cdots\cdots\cdots\cdots\cdots\cdots\cdots\cdots (6\text{-}17)$$

となり、d 軸 2 次磁束は d 軸電流（励磁電流）i_{1d} のみで決定されることになります。式 (6-17) は、

$$\phi_{2d} = \frac{M}{1 + pT_2}i_{1d} \quad \cdots\cdots\cdots\cdots\cdots\cdots\cdots\cdots\cdots\cdots (6\text{-}18)$$

となり、微分演算子 p をラプラス演算子 s に置き換えると、時定数を T_2 とした一次遅れになることがわかります。定常的には、

$$\phi_{2d} = Mi_{1d} \quad \cdots\cdots\cdots\cdots\cdots\cdots\cdots\cdots\cdots\cdots\cdots (6\text{-}19)$$

－ 150 －

となり、i_{1d}で主磁束となる ϕ_{2d} を制御することができます。ただし、i_{1d} を変化させても、2 次時定数 T_2 分の遅延が生じることに注意しなければなりません。つまり、2 次磁束を急変させることは物理的に難しく、ベクトル制御においては、2 次磁束 ϕ_{2d} を一定に保ち、トルクは i_{1q} で制御するのが一般的です。

ϕ_{2d} が一定である状態を仮定すると、式 (6-16) は、

$$\omega_s = \frac{M}{T_2}\frac{i_{1q}}{Mi_{1d}} = \frac{1}{T_2}\frac{i_{1q}}{i_{1d}} \quad \cdots\cdots\cdots\cdots\cdots\cdots\cdots\cdots\cdots\cdots\cdots\cdots \quad (6\text{-}20)$$

となります。i_{1d} を変化させない状態であれば、誘導モータの瞬時トルクは、トルク電流 i_{1q} と、それに応じたすべり ω_s を式 (6-20) に従って与えることで、線形に制御できることになります。

6.3 ベクトル制御の構成と基本動作のシミュレーション

(1) ベクトル制御の構成

　図6-2にベクトル制御の構成図を示します。第5章における V/F 一定制御の構成図（図5-13）に、d 軸、ならびに q 軸の電流制御、速度制御、すべり演算部を追加して構成されています。本章では、回転速度センサによって、誘導モータの回転数が検出されているものとし、検出値 ω_{rm} を制御器内に読み込んでいます。

　その速度検出値 ω_{rm} が、回転数の指令値である ω_{rm}^* に一致するように、

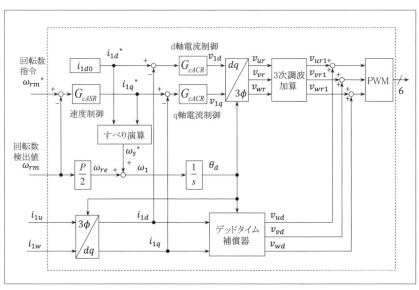

〔図6-2〕ベクトル制御の基本構成

速度制御を行っています。速度制御器 G_{cASR} の出力は、第4章で述べた
ようにトルク電流指令 $i_{1q}{}^*$ になります。このトルク電流指令と、d軸の
電流指令 $i_{1d}{}^*$ に基づいて、式(6-20)に示したすべり周波数 ω_s の演算を「す
べり演算部」で計算します。このすべり周波数を、検出した回転数（電
気角周波数に換算した ω_{re}）に加算することで、誘導モータに印加する
交流の角周波数 ω_1 を得ています。さらにこの ω_1 を積分することで、
dq座標変換の位相 θ_d を得ています。

　また、電流指令 $i_{1d}{}^*$、$i_{1q}{}^*$ に基づいて電流制御が実施され、誘導モータ
のベクトル制御を実現します。

（2）フィードバック制御ゲイン

　ベクトル制御では、d、q軸それぞれの電流制御と、その上位の速度
制御器を備えています。電流制御では、制御対象をR-L負荷とみなして、
第4章4.3節の式(4-5)、(4-6)と同様にゲインを設計します。ここでは、
R_1、L_σ を使った設計になります（図6-3(a)）。また、速度制御器も第4
章4.4節に従って設定しますが、ここでは制御対象をイナーシャ J のみ
として、まず比例ゲインを求めています。その後、積分ゲインを低周波
数側のゲインを高めるために設定しています。この設計法では、速度制
御の設定応答 ω_{cASR} の1/5の周波数以下で、ゲインを上げるような特性
にしています。減衰係数が小さく、ほぼゼロのような場合によく用いる
設計方法です（図6-3(b)）。

第6章 ベクトル制御

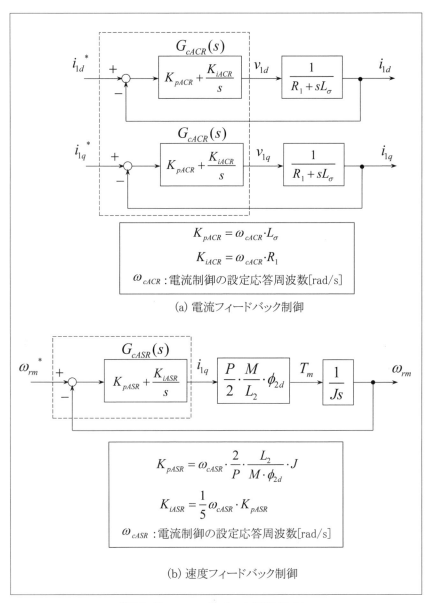

〔図 6-3〕フィードバック制御ゲイン

(3) シミュレーション波形

　図6-4に、誘導モータをベクトル制御したときのシミュレーション波形例を示します。シミュレーションでは、回転数を1,500[r/min]の一定速度で駆動しておき、時刻t=0.1[s]において負荷外乱を発生させたときの過渡現象を計算しました。

　負荷外乱の発生と共に、一瞬回転速度が低下しますが、速度フィードバック制御によってトルク電流を増加させ、0.2[s]程度の期間内で元の

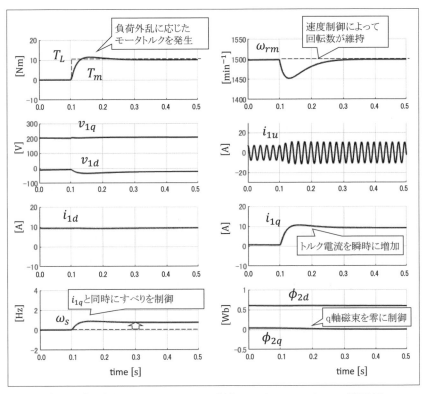

〔図6-4〕誘導モータのベクトル制御のシミュレーション波形例

第6章　ベクトル制御

速度に回復しています。

　このとき、トルク電流 i_{1q}^{*} の増加に伴い、すべり ω_s も増加していることがわかります。その際、q 軸の 2 次磁束 ϕ_{2q} は零のままであり、ベクトル制御が実現されていることがわかります。この波形と、第 5 章で示した V/F 一定制御の波形（図 5-5）を比較すると、ベクトル制御によって過渡現象が大幅に改善されていることがわかります。

6.4 ベクトル制御の実験 I・基本特性

(1) 電流制御応答

V/F 一定制御と同じ装置を用いて、ベクトル制御の実験を行います。

図 6-5 に、q 軸電流のステップ応答波形を示します。q 軸電流指令 i_{1q}^* の 100% のステップ入力に対して、各設定応答周波数 ω_{cACR} = 250、500、1,000[rad/s] に応じて、ほぼ設定通りの過渡応答を示していることがわかります。尚、q 軸電流指令 i_{1q}^*、q 軸電流 i_{1q} などの制御量は、マイコン外付けの DA コンバータを介してオシロスコープで観測したものです。

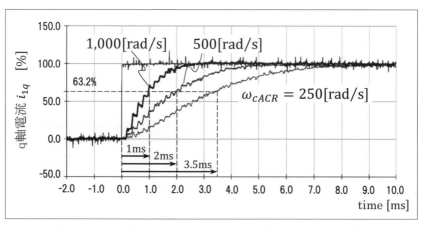

〔図 6-5〕電流制御応答の実測波形（q 軸電流ステップ応答）

（2）速度制御応答

図6-6に、速度ステップ応答波形を示します。ここでは、速度指令 $\omega_{rm}{}^*$、速度検出値 ω_{rm}、q軸電流指令 $i_{1q}{}^*$、ならびに相電流 i_{1u} を示しています。回転速度指令 $\omega_{rm}{}^*$ のステップ変化（750[min^{-1}] → 870[min^{-1}]）に対して、$i_{1q}{}^*$ が増加することで実際の回転速度が追従していることがわかります。同時に相電流 i_{1u} も一瞬だけ変化しています。このときの設定応答 ω_{cASR}=40[rad/s] に対して、ほぼ25[ms] の時定数で応答しており、ゲインの設定値が正しいことが確認できます。

また、速度が上がった後の定常状態で、$i_{1q}{}^*$ に大きな変化はなく、純粋な慣性負荷に近いことがわかります。

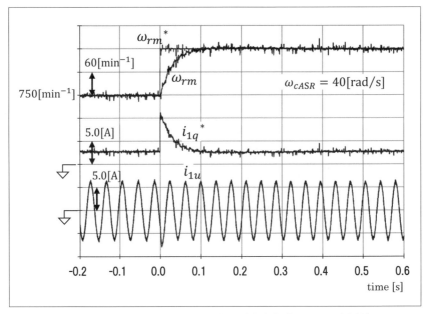

〔図6-6〕速度制御応答の実測波形（速度指令ステップ応答）

（3）起動時の波形

図 6-7(a)、(b) に、停止状態からの始動波形を示します。図 6-7(a) は、第 5 章・図 5-15 の V/F 一定制御と同じ条件での加速波形を示しています。V/F 一定制御で生じた「乱調」は、ベクトル制御では生じていないこと

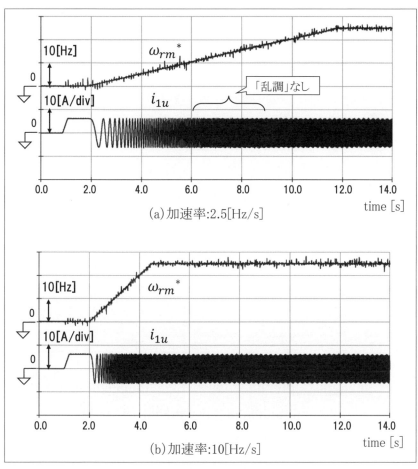

〔図 6-7〕始動時の電流波形

がわかります。また、図 6-7(b) は 25Hz（定格周波数、1,500 [min^{-1}]）まで 2.5[s] で加速していますが、特に大きな問題はなく、電流値からすると、もう少し早い加速もできそうです。

（4）負荷外乱応答波形

　誘導モータを一定速度で駆動しておき、負荷側からインパクト外乱を与える実験を行いました（図 6-8）。定格速度 1,500 [min^{-1}] において、インパクトトルクをステップ状に与え、数秒後に解除しました。それぞれの過渡時において、一瞬速度が変動するものの、すぐに q 軸電流が変化して、回転速度を指令値に一致させています。

　同実験を V/F 一定制御で行った結果を、図 6-9 に示します。この場合も、回転は継続していることがわかります。尚、図の「i_{1r}」は有効電流を示しています（V/F 一定制御では q 軸が定義されてないので、有効電

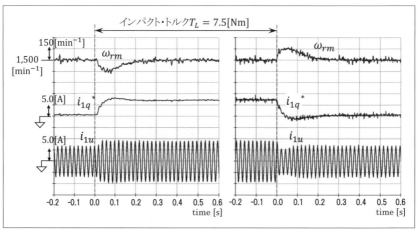

〔図 6-8〕速度制御の負荷外乱応答の実測波形（インパクト負荷）

流を図示しています)。

　また、V/F 一定制御の実験では、トルク抜けが起きないように、励磁電流を予め多めに流しています(負荷がかかる前の相電流が、図 6-8 より大きくなっています)。V/F 一定制御では、負荷がかかった直後の動きが振動的であり、特に負荷解除後の相電流に大きな変動がみられます。このような動きの場合、過電流レベルにかかってしまう可能性もあります。また、負荷発生によってすべり分だけわずかですが回転数が低下しています。

　しかし、過渡振動は問題ではあるものの、V/F 一定制御でもそれなりの応答が可能であることがわかります。これは V/F 一定制御では速度制御器が存在しない分、過渡応答は電気的時定数で決まってくるためです。ただし、このような素早い応答は、負荷慣性が比較的小さい場合に限られ、また過負荷がかかると脱調してしまう可能性は高いです。ベクトル制御では、回転数が検出できている限り脱調することはなく、負荷

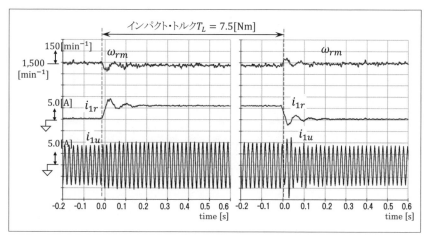

〔図 6-9〕V/F 一定制御での負荷外乱応答の実測波形(インパクト負荷)

第6章 ベクトル制御

外乱に対しては極めてロバストな動作が実現できます。

(5) ベクトル制御における N-T 特性

回転数を一定に制御しながら、負荷トルクを変化させた場合の特性を図 6-10 に示します。V/F 一定制御の場合（図 5-21）に比べて、格段に改善されているのがわかると思います。トルクと無関係に速度が一定に保たれ、また低速域でも高トルクが実現できることがわかります。

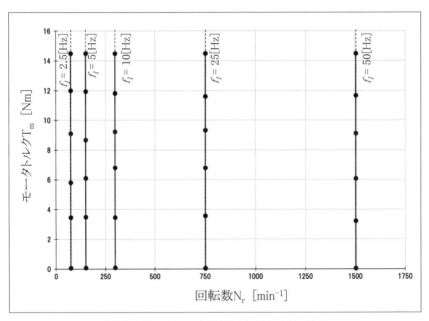

〔図 6-10〕ベクトル制御における N-T 特性

６．５　ベクトル制御の実験Ⅱ・問題点や改善策

（１）２次時定数の設定値

　誘導モータのベクトル制御は、トルクの線形化を実現するものであり、そのためには「すべり」を所望のトルクに応じて与える必要があります。本書では「すべり周波数型」と呼ばれるもっとも一般的なベクトル制御法を解説していますが、その最も重要な数式が、式 (6-21) です。

$$\omega_s = \frac{1}{T_2} \frac{i_{1q}}{i_{1d}} \quad \cdots\cdots\cdots\cdots\cdots\cdots\cdots\cdots\cdots\cdots\cdots\cdots\cdots\cdots\cdots \quad (6\text{-}21)$$

この数式に従って、すべりを与えることで $\phi_{2q}=0$ が実現し、トルクの線形化が達成できます。ここで、式 (6-21) における定数 T_2 がずれていた場合を想定して実験を行いました。

　図 6-11 は、制御器内の「すべり演算」において、意図的に T_2 の値をずらして得たものです。T_2 を 1.0 倍、0.7 倍、1.3 倍にして、トルク指令と実際のトルクとを実測しました。その結果、T_2 を正確に設定することで、指令と実トルクが一致することが確認できました。しかし 1.3 倍に設定してしまうと、大きなトルク誤差が生じることがわかります。この場合、効率も低下しているものと考えらえます。T_2 を 0.7 倍のときには軽負荷において大きな誤差が発生していますが、それ以外はあまりずれが生じていません。これは様々な要因が考えられますが、T_2 がずれることで ϕ_{2q} が発生しているのは間違いなく、その場合、トルクは式 (6-9) に従って発生しますので、結果的としてずれが小さくなる方向へ作用したものと考えられます。また、モータの磁気回路の複雑な要因も重なっ

－ 163 －

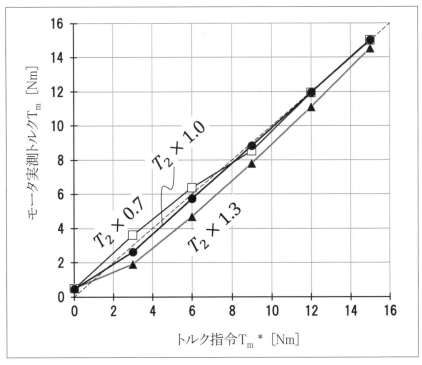

〔図6-11〕2次時定数の設定値とトルク精度の関係

て、このような結果になっているものと考えられます。いずれにしても、トルク精度を確保するには、T_2の設定は極めて重要であることがわかります。

T_2は2次巻線抵抗R_2を含みますので、熱によって抵抗値は変化することが知られており、温度変化に対してトルクの線形性を保つのが大きな課題の一つといえます。現在、システムによっては、誘導モータに温度センサを取り付けておき、検出された温度によって補正を行うこともあります。

また、誘導モータ内で発生したϕ_{2q}を制御器内で推定演算し、その値

が零になるようにすべり周波数の補正を行う方法もあります。これについては次章の 7.5、7.6 節で紹介します。

（2）電流制御の非干渉補償

誘導モータの 1 次側の電圧方程式は、第 2 章の式 (2-22)、(2-23) で示されます（以下、式 (6-22)、(6-23) として再記載）。

$$v_{1d} = \left(R_1 + pL_\sigma\right)i_{1d} - \omega_1 L_\sigma i_{1q} + p\frac{M}{L_2}\phi_{2d} - \omega_1 \frac{M}{L_2}\phi_{2q} \quad \cdots\cdots\cdots \text{(6-22)}$$

$$v_{1q} = \omega_1 L_\sigma i_{1d} + \left(R_1 + pL_\sigma\right)i_{1q} + \omega_1 \frac{M}{L_2}\phi_{2d} + p\frac{M}{L_2}\phi_{2q} \quad \cdots\cdots\cdots \text{(6-23)}$$

上式において、$\phi_{2q}=0$、ϕ_{2d} は一定とすると、それぞれ以下となります。

$$v_{1d} = \left(R_1 + pL_\sigma\right)i_{1d} - \omega_1 L_\sigma i_{1q} \quad \cdots\cdots\cdots\cdots\cdots\cdots\cdots\cdots\cdots \text{(6-24)}$$

$$v_{1q} = \omega_1 L_\sigma i_{1d} + \left(R_1 + pL_\sigma\right)i_{1q} + \omega_1 \frac{M}{L_2}\phi_{2d} \quad \cdots\cdots\cdots\cdots\cdots \text{(6-25)}$$

式 (6-24) の右辺の第 1 項は、電流制御設計に用いる 1 次遅れの要素ですが、第 2 項には i_{1q} の項が含まれていることがわかります。同様に、式 (6-25) 右辺第 1 項も、i_{1d} の項が含まれています。つまり、d、q 軸それぞれに対して、q、d 軸電流の「干渉」があることがわかります。これらを「干渉項」と呼びます。また、式 (6-25) 右辺第 3 項は、誘導モータの速度起電圧であり、d 軸からの干渉項ではありますが、ϕ_{2d} は一定であること、また ω_1 も速度によって変化することから動き自体は遅く、電流制御の応答で対応可能です。

問題となるのは、$\omega_1 L_\sigma i_{1d}$、$\omega_1 L_\sigma i_{1q}$ の干渉項であり、これらは電流の

－ 165 －

第6章 ベクトル制御

動きがそのまま外乱として干渉します。ただし、ω_1 が零に近いときは、影響が小さくなることがわかります。

式 (6-24)、(6-25) をブロック線図として、電流制御器との関係を描くと、図 6-12 となります。ここで、dq 軸間の干渉ループ、$i_{1d} \to \omega_1 L_\sigma i_{1d} \to i_{1q} \to \omega_1 L_\sigma i_{1q} \to i_{1d} \to$ 、、、が生じていることがわかります。このループは、R_1 が零のときには完全な発振器のループとなります。ω_1、ならびに L_σ が大きいほど、また R_1 が小さいほど共振の "Q" は鋭くなります。また、干渉ループの共振周波数はほぼ ω_1 になります。よって、電流制御系の設定応答を高くして、この ω_1 の振動を抑制することができれば、それ

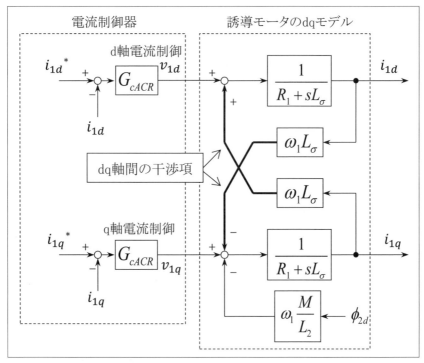

〔図 6-12〕電流制御器と誘導モータの 1 次回路 dq モデル

でも干渉項を抑えることは可能です。

なお、本書で扱っているような、4極、1,500[min^{-1}]程度の汎用モータの場合、あまり干渉項が問題化することはないのですが、例えば、専用設計の誘導モータや、弱め界磁による高速駆動などを行う場合には、干渉項の影響で振動が発生したり、あるいは電流制御応答が全く設定通りにならないようなことが生じます。

この対策は主に2通りあります。図6-13は、電流検出値を用いた非干渉補償です。図からわかるように、誘導モータ内部で干渉する項を、制御側で前もって補償してしまい、干渉項をキャンセルさせるものです。この場合、制御器内のL_σは実機に正確に合わせておく必要があります。また、図6-13の補償方法は原理的には正しいのですが、実際の制御処

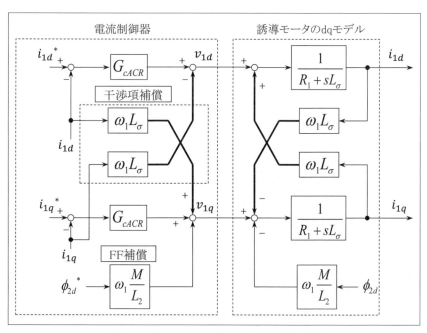

〔図6-13〕電流検出値による非干渉補償

- 167 -

第6章 ベクトル制御

理には「演算遅れ」が必ず存在します。よって演算処理時間が長い場合、電流検出してから干渉項をマイコンで出力する頃には、振動の位相がずれてしまい、干渉を助長してしまう可能性もあります。よって、図6-13の補償を行うには、干渉項の振動周波数に対して、十分短い周期での演算処理が必要になります。

図6-14は、比較的演算処理の長いもの（駆動周波数に対して長い、という意味です）の場合に、フィードフォワードとして干渉項を補償するものです。検出された実際の i_{1d}、i_{1q} を使用せずに、指令に1次遅れフィルタを介して干渉項の補償に用いています。1次遅れフィルタの時定数は、電流制御ゲイン ω_{cACR} の逆数（時定数）として、これによって検出電流を模擬しています。図6-14は、干渉項のフィードフォワード補償であり、演算処理時間の遅れの影響は少なくなります。ただし、外乱等

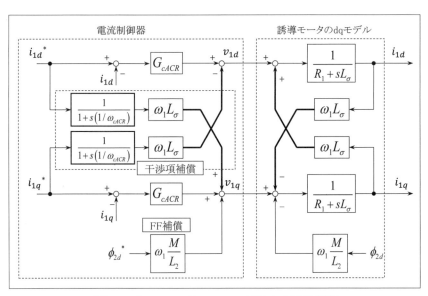

〔図6-14〕フィードフォワード型の非干渉補償

で検出電流が勝手に変動したような場合には、効果は得られないものとなります。

図 6-15、ならびに図 6-16 に、非干渉補償なし/ありの実験結果を、それぞれ駆動周波数 $f_1=25[\text{Hz}]$ ならびに $50[\text{Hz}]$ の例を示します。i_{1q} のみに電流ステップを与えたにも拘わらず、d 軸側にも変動が生じていることがわかります。前述したように、このモータの場合には、あまり大きな振動にはなり難いですが、それでも干渉項は存在し、補償方法も効

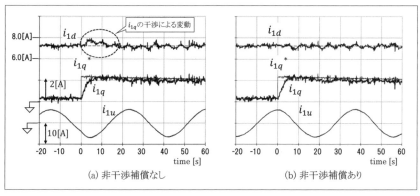

〔図 6-15〕電流制御の応答波形（$f_1=25\text{Hz}$）

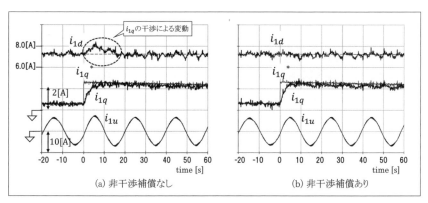

〔図 6-16〕電流制御の応答波形（$f_1=50\text{Hz}$）

第6章　ベクトル制御

果があることがわかります。

（3）すべり演算器の改良

　ベクトル制御において、すべり演算における T_2 の設定が極めて重要であることはすでに述べました。誘導モータの大きな特徴として「主磁束を自ら作ることができる」というものがあります。これは永久磁石同期モータにない最大のメリットともいえます（もちろん誘導モータでは、主磁束を生成するために励磁電流（d軸電流）が必要であり、その分、効率が落ちてしまうわけですが）。

　主磁束 ϕ_{2d} は、必要以上に大きく流さないことで効率を改善したり、あるいは「弱め界磁制御」として ϕ_{2d} を小さくする（i_{1d} を下げる）ことで、トルクを犠牲にしつつ回転数を高くすることができるようになります。この弱め界磁制御を行うには、i_{1d} を一定にせずに可変制御すればよいことになります。

　ただし、すでに述べたように $\phi_{2d}=M \cdot i_{1d}$ ではなく、正しくは、

$$\phi_{2d} = \frac{M}{1+sT_2} i_{1d} \quad \cdots\cdots\cdots\cdots\cdots\cdots\cdots\cdots\cdots\cdots\cdots\cdots\cdots \quad (6\text{-}18)'$$

の関係にあります。i_{1d} を変更しても、2次時定数 T_2 による遅れが伴って、ϕ_{2d} が変化することになります。

　図6-17(a) に示すすべり演算では、i_{1d} を変更することで、ダイレクトに $\omega_s{}^*$ が変化することになります。しかし、誘導モータ内部では、ϕ_{2d} はじわじわと変化しますので、実際のモータのすべり ω_s と、このすべり演算によって与えるすべり $\omega_s{}^*$ とに誤差が生じます。そこで励磁電流を変更する場合には、図6-17(b) のように、ϕ_{2d} の変化を模擬することに

－ 170 －

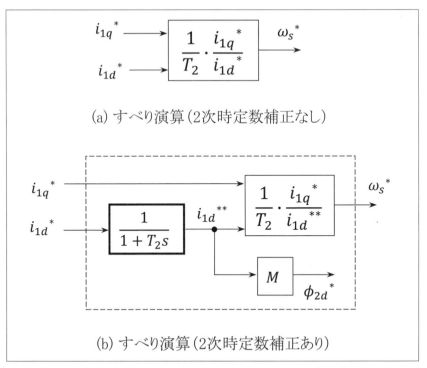

〔図6-17〕すべり演算器

します。

図6-18に、定常状態で負荷を一定としておいた状態で、d軸電流を20%弱めたときの過渡応答波形を示します。

時刻t=0において、i_{1d}をステップ状に20%減少させました。図6-18(a)は、図6-17(a)のすべり演算を用いたものです。主磁束が減る方向ですので、すべりは増加して、i_{1q}が増えます。ただし、i_{1q}の増え方が急峻であり、また速度の変動も大きなものになっています。これに対して、図6-17(b)の2次時定数を考慮したすべり演算の場合、i_{1q}の増加は滑らかであり、速度変動も改善していることがわかります。

このように使用用途によっては、誘導モータの物理現象に基づいたいくつかの「補償」を実装していく必要があります。

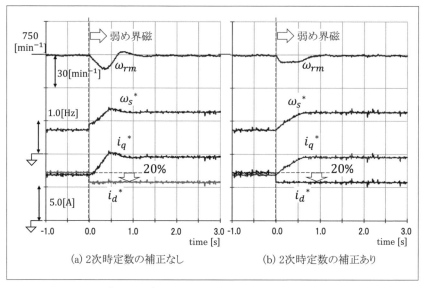

〔図6-18〕弱め界磁制御の過渡応答波形

コラム：地下鉄を走る誘導リニア

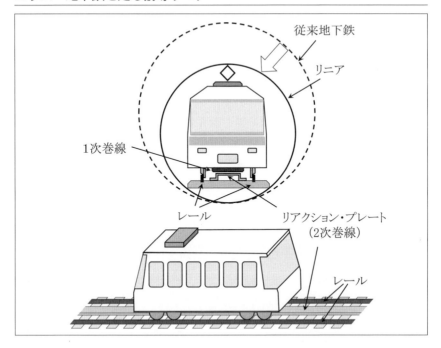

　「リニアモータ」というと、電磁力で車体を宙に浮かべて疾走する未来の電車というイメージですが、実際のところ、直線運動をするモータをすべて「リニアモータ」と分類します。

　地下鉄では、鉄車輪支持式（宙に浮かずに、車輪で支える）リニアが、1990年に大阪市営地下鉄で、世界で初めて実用化されています。その後、東京都営地下鉄・大江戸線や、神戸、福岡、横浜などで次々と開業しています。2015年には仙台市の地下鉄東西線にも採用され、東北大学キャンパスへ向かう急こう配の路線を、難なく走り抜けています。

　誘導モータの回転力の発生原理を、回転方向ではなく直線方向の推力に応用したものが誘導リニアモータです。車体の床下に、1次巻線が取

第6章 ベクトル制御

り付けられ、レールに敷かれた2次巻線（実際には巻いていません。アルミなどのプレートが枕木の上に敷かれています）に二次電流を誘導することで推力を得ています。

　誘導モータの固定子1次巻線、回転子2次巻線とは逆の関係になり、2次側が固定され、1次側が移動（回転ではなく移動）する形で推力を得ています。このリニア地下鉄には、多くのメリットが存在します。

　（1）床下を低くできるので、その分、地下鉄トンネルの小断面化が可能（建設コストの低減が可能）
　（2）急こう配、急曲線の路線の走行が可能
　（3）回転モータやギヤがないので、省保守、低騒音化が可能

　誘導モータの応用範囲は広く、このようなところでも社会に貢献しています。（文献［6］参照）

第7章

センサレスベクトル制御

本章では、誘導モータの回転速度センサを用いずに、トルクや回転速度を制御する「センサレスベクトル制御」について解説します。

　第6章で述べた通常の（センサ付き）ベクトル制御では、誘導モータの回転速度情報が必須です。トルクを管理するには、q軸電流の制御と同時に「すべり」を適切に与える必要があり、そのためには回転数を正確に検出する必要があります。また、回転数制御を行うためにも、回転数の検出は必須と言えます。

　しかし、回転速度センサは、モータの回転軸に機械的に取り付ける必要があり、非常に煩わしいものです。回転速度センサとしてよく使用される「パルスエンコーダ」は、マイコンとの相性が非常によい反面、精密機械であり、使用環境が限られます。ハードウエア的には壊れにくい「レゾルバ」は、専用の RD コンバータ（レゾルバのアナログ値をデジタルへ変換する IC）が必要であったり、基本的には位置（角度）センサであるため、速度を得るための工夫が必要になります。

　これらの回転角度センサを用いることなく、回転速度が推定によって得られれば、非常に多くのシステム上のメリットが得られます。

7.1 センサレスベクトル制御のメリット、デメリット

（1）速度センサレス化のメリット

①コスト低減

　センサ分のコストが削減できます。またセンサ取付作業自体が減りま

- 177 -

すので、組み立て工数が削減できます。センサとコントローラの接続も不要となり、モータとの配線は主電源線のみになります。

②耐環境性の向上

元々堅牢である誘導モータですが、精密機械である回転センサを排除できることで、より劣悪環境での使用が可能になります。

③信頼性の向上

センサの数を減らすことは、センサの故障リスクが低減できるため、装置の信頼性が向上します。

（2）速度センサレス化のデメリット

センサを用いずに回転速度情報を得るには、誘導モータに印加している電圧、流れている電流と、そのモータの電気的パラメータを用いて、回転数の推定演算を行います。この概念は、現代制御理論における「オブザーバ」の考え方と同じです。現代制御理論では、検出不可能な状態量（誘導モータでは、例えば磁束など）を得るために、制御対象のモデルを用いて状態量を逆算します。センサレス制御も同様に、制御すべき回転数を推定演算します。そのため、オブザーバと全く同様のデメリットが生じます。

①制御アルゴリズムの複雑化

センサレス化とは、センサによる速度検出を、マイコンでの信号処理に置き換えることになります。ハードウエア上はセンサはなくなります

- 178 -

が、その分の制御処理の負担が増えることになります。前章に示したベクトル制御が、さらに複雑な制御系になります。

②電気定数の変動に対するロバスト性の劣化
　速度推定に電気定数を用いるため、それらを正確に実際のモータに合わせる必要があります。これらの設定精度が、そのまま回転数検出精度や安定性に直結します。

③個体ばらつき、経時変化への対応
　②に関連しますが、同じ仕様のモータであっても、個体差がある場合があります。その対応や、温度によって変化する抵抗値などへの対応も、場合によっては必要です。

④低速域の制御精度の劣化
　回転数の推定は、一般的には速度起電圧（第1章を参照）を逆算することで得ています。よって速度起電圧の絶対値が大きな高速領域の推定は容易ですが、低速域の推定は難しくなります。速度の低下に伴い、インバータの電圧誤差や、抵抗値の温度変化などの影響を受けやすくなります。特に零速度は速度起電圧が零であり誘導モータの特異点となります。ベクトル制御で重要となる主磁束の位置（位相角）が不明になってしまいます。

⑤過渡応答の劣化
　センサレス制御は、センサ付き制御に比べて原理的に制御性能は劣化します。速度サーボのような高応答な動作で、センサ付きベクトルに匹

第7章 センサレスベクトル制御

敵する性能を得るのはかなり困難といえます。よって、センサレスベクトル制御の原理をよく理解して、システムに適用可能かどうかを見極める必要があります。

　このようなデメリットもありますが、現在、センサレスベクトル制御は様々な製品で実用化されています。

　そもそも論として、誘導モータには V/F 一定制御（第5章）という、回転速度情報を必要としない汎用的な制御方法があります。よってシステムによっては、V/F 一定制御で十分な場合もあります。この V/F 一定制御に対する、センサレスベクトル制御のメリットは以下になります。

　①トルクを制御できるため、過大負荷が発生してもトルク抜けが起きにくい

　②負荷変動による過渡振動を低減できる

　③V/F 一定制御における低速域のトルク低下が改善される

などが挙げられます。1980 年代後半、最初に誘導モータのセンサレス化が提唱されたとき、「起動トルクを大幅に改善できる V/F 一定制御」のように PR されてました。ということは、「ベクトル制御からセンサをなくす」というよりも、「V/F 一定制御の特性を改善する」ことが、そもそもの始まりだったとも言えます。高精度・高応答なセンサ付きベクトル制御と、汎用的な V/F 一定制御の間を埋める技術が、センサレスベクトル制御であるともいえます。

－ 180 －

7.2 速度推定原理と制御構成

　本節では、センサレスベクトル制御の速度推定原理について、誘導モータの数式モデルを用いて解説します。

　第2章2.3節で、dq座標軸上での誘導モータの電圧方程式（式 (2-32) ～ (2-35)）を導出しました。それらを再び記します。

$$pL_\sigma i_{1d} = -R_\sigma i_{1d} + \omega_1 L_\sigma i_{1q} + \frac{M}{L_2 T_2}\phi_{2d} + \left(\omega_1 - \omega_s\right)\frac{M}{L_2}\phi_{2q} + v_{1d} \quad \cdots\cdots (7\text{-}1)$$

$$pL_\sigma i_{1q} = -\omega_1 L_\sigma i_{1d} - R_\sigma i_{1q} - \left(\omega_1 - \omega_s\right)\frac{M}{L_2}\phi_{2d} + \frac{M}{L_2 T_2}\phi_{2q} + v_{1q} \quad \cdots\cdots (7\text{-}2)$$

$$pT_2\phi_{2d} = Mi_{1d} - \phi_{2d} + \omega_s T_2\phi_{2q} \cdots\cdots\cdots\cdots\cdots\cdots\cdots\cdots\cdots\cdots (7\text{-}3)$$

$$pT_2\phi_{2q} = Mi_{1q} - \omega_s T_2\phi_{2d} - \phi_{2q} \cdots\cdots\cdots\cdots\cdots\cdots\cdots\cdots\cdots (7\text{-}4)$$

　回転速度の推定演算には、q軸の1次側の電圧方程式である式 (7-2) を利用します。式 (7-2) において、右辺第3項の $\omega_1 - \omega_s$ は、

$$\omega_1 - \omega_s = \omega_{re} = \omega_{rm}\frac{P}{2} \cdots\cdots\cdots\cdots\cdots\cdots\cdots\cdots\cdots\cdots\cdots (7\text{-}5)$$

であり、回転速度情報がこの電圧方程式に存在することがわかります。また、第6章で述べたように、すべり ω_s をトルク電流 i_{1q}、ならびにd軸2次磁束 ϕ_{2d} に従って、

$$\omega_s = \frac{M}{T_2}\frac{i_{1q}}{\phi_{2d}} \cdots\cdots\cdots\cdots\cdots\cdots\cdots\cdots\cdots\cdots\cdots\cdots (7\text{-}6)$$

の関係で制御されていることを前提とすると、q軸2次磁束 ϕ_{2q} は零に制御されています。よって、式 (7-2) は、以下のようになります。

🗍 第7章 センサレスベクトル制御

$$pL_\sigma i_{1q} = -\omega_1 L_\sigma i_{1d} - R_\sigma i_{1q} - \omega_{re} \frac{M}{L_2} \phi_{2d} + v_{1q} \quad \cdots\cdots\cdots\cdots\cdots (7\text{-}7)$$

式 (7-7) を変形し、速度起電圧 E_q を定義しますと、

$$\omega_{re} \phi_{2d} \frac{M}{L_2} = E_q = \left(v_{1q} - \omega_1 L_\sigma i_{1d} - R_\sigma i_{1q} - pL_\sigma i_{1q} \right) \quad \cdots\cdots\cdots\cdots (7\text{-}8)$$

となります。よって、回転速度 ω_{re} は、

$$\omega_{re} = \frac{L_2}{M} \frac{1}{\phi_{2d}} E_q = \frac{L_2}{M} \frac{1}{\phi_{2d}} \left(v_{1q} - \omega_1 L_\sigma i_{1d} - R_\sigma i_{1q} - pL_\sigma i_{1q} \right) \quad \cdots\cdots (7\text{-}9)$$

として求めることができます。この式 (7-9) が速度推定の原理式であり、誘導モータの電気定数が必須であることがわかります。式 (7-9) には、微分項 $pL_\sigma i_{1q}$ が存在し、また ϕ_{2d} のように、数式上では実際のモータ内部の値を必要とする変数もあります。

式 (7-9) は原理式ですので、実際に使用する場合には、次式のような1次遅れフィルタ（時定数 T_{obs}）を介して使用します。

$$\omega_{res} = \frac{1}{1 + T_{obs}s} \left\{ \frac{L_2}{M} \frac{1}{\phi_{2d}^{\ *}} \left(v_{1q} - \omega_1 L_\sigma i_{1d} - R_\sigma i_{1q} - sL_\sigma i_{1q} \right) \right\} \quad \cdots\cdots (7\text{-}10)$$

上式において、ω_{res} は回転速度 ω_{re} の推定値、T_{obs} はオブザーバの推定時定数（オブザーバゲインの逆数）、$\phi_{2d}^{\ *}$ のは励磁電流 i_{1d} から生成した2次磁束 ϕ_{2d} を表します（ϕ_{2d} は、モータ内部の値なので、$\phi_{2d}^{\ *}$ で代用する）。尚、式 (7-10) では、微分演算子 p をラプラス演算子 s に置き換えています（文献 [7]）。

オブザーバの時定数は、速度制御への影響を与えないように、速度制御応答時定数に対して、十分短く設定する必要があります。また、電流制御にも影響しますので、電流制御応答に対しても干渉を避ける必要があります。「干渉を避ける」とは、応答周波数に差を持たせることを意

- 182 -

味し、ここでは電流制御系よりは応答を下げています。

　また、式 (7-10) 右辺の微分項は、オブザーバのフィルタ時定数を利用して直接微分演算をしないように変形します。式 (7-10) は、

$$\omega_{res} = \frac{L_2}{M} \frac{1}{\phi_{2d}^*} \left\{ \frac{1}{1+T_{obs}s} \left(v_{1q} - \omega_1 L_\sigma i_{1d} - R_\sigma i_{1q} \right) - L_\sigma i_{1q} \frac{s}{1+T_{obs}s} \right\} \quad (7\text{-}11)$$

と変形できます。さらに上式の右辺最後の項は、

$$-L_\sigma i_{1q} \frac{s}{1+T_{obs}s} = L_\sigma i_{1q} \frac{1}{T_{obs}} \frac{1-\left(1+T_{obs}s\right)}{1+T_{obs}s}$$

$$= \frac{L_\sigma i_{1q}}{T_{obs}} \frac{1}{1+T_{obs}s} - \frac{L_\sigma i_{1q}}{T_{obs}} \quad \cdots\cdots\cdots\cdots\cdots \quad (7\text{-}12)$$

と変形できますので、式 (7-11) は以下となります。

$$\omega_{res} = \frac{L_2}{M} \frac{1}{\phi_{2d}^*} \left\{ \frac{1}{1+T_{obs}s} \left(v_{1q} - \omega_1 L_\sigma i_{1d} - R_\sigma i_{1q} + \frac{L_\sigma i_{1q}}{T_{obs}} \right) - \frac{L_\sigma i_{1q}}{T_{obs}} \right\} \quad (7\text{-}13)$$

　式 (7-13) より、速度推定値 ω_{res} は、誘導モータの電気定数と、状態量である v_{1q}、i_{1d}、i_{1q}、ω_1 を用いて計算できることがわかります。

　図 7-1 に、センサレスベクトル制御の全体構成を示します。第 6 章の図 6-2 に比べて、回転速度の検出の代わりに、速度推定部が付加されたことがわかります。

　また図 7-2 には、式 (7-13) の速度推定式を、ブロック線図で記述したものを示します。ϕ_{2d}^* は、i_{1d} に 2 次時定数分の遅延を介して生成しています。速度起電圧を ϕ_{2d}^* で割り、さらに L_2/M を乗じて速度推定値 ω_{res} が得られます。M や L_2 の設定値でも速度精度が劣化することがわかります。これらを正確に合わせ込む必要があります。

– 183 –

🔒 第7章 センサレスベクトル制御

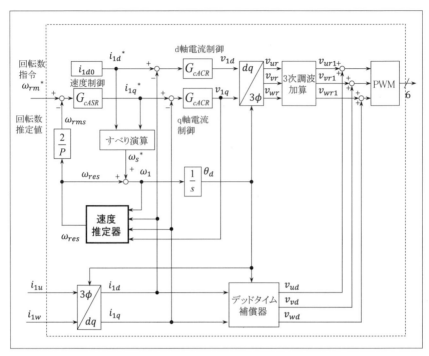

〔図 7-1〕センサレスベクトル制御の基本構成

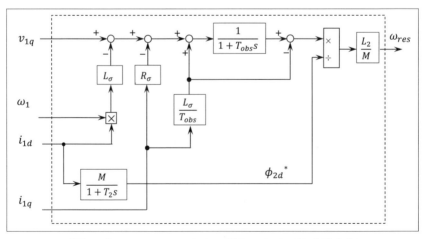

〔図 7-2〕センサレスベクトル制御における速度推定部

- 184 -

7.3　センサレスベクトル制御の動作試験

本節では、図7-1、7-2のセンサレスベクトル制御を用いての試験結果を示します。

(1) 速度制御応答、起動時の波形

図7-3に、センサレスベクトル制御での速度ステップ応答を示します。第6章のセンサ付きベクトル制御（図6-6）に条件を合わせて、速度指令 ω_{rm}^* のステップ変化（$750[\text{min}^{-1}] \rightarrow 870[\text{min}^{-1}]$）に対する応答波形を示します。速度指令に対して、$i_{1q}^*$ が増加することで実際の回転速度が

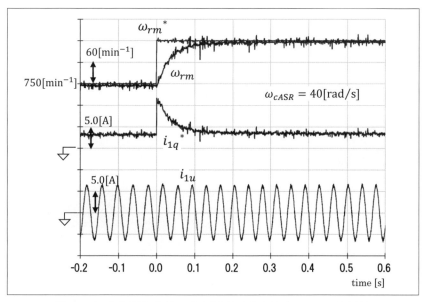

〔図7-3〕速度制御応答の実測波形（速度指令ステップ応答）

追従していることがわかります。センサ付きと同様に、設定応答 $\omega_{cASR}=40[\mathrm{rad/s}]$ に対して、ほぼ 25[ms] の時定数で速度が立ち上がっており、制御系が設計通りの応答をしていることがわかります。

図 7-4 に、停止状態からの始動波形を示します。比較的速い加速率の条件（10[Hz/s]）ですが、第 6 章のセンサ付きの波形（図 6-7(b)）とほぼ同等の結果が得られています。

（2）負荷外乱応答波形

誘導モータを一定速度で駆動し、負荷側からトルク外乱を与えた場合の過渡応答試験を図 7-5 に示します。トルク外乱をステップ状に与えたことで、1,500[min^{-1}] の速度が 150[min^{-1}] ほど低下するものの、速度制

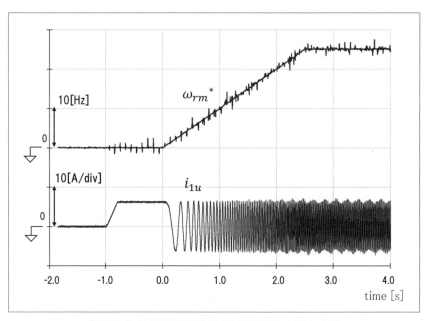

〔図 7-4〕始動時の電流波形（加速率:10[Hz/s]）

御によってすぐに回復している様子がわかります。これらもセンサ付きの場合（図6-8）とほぼ同等の過渡応答を示していることがわかります。

（3）N-T 特性

センサレスベクトル制御におけるN-T特性の測定結果（回転数制御をしながら、負荷トルクを変化させた場合の特性）を図7-6に示します。V/F一定制御の場合（図5-21）に比べて、格段に改善されていることがわかります。またセンサ付きベクトル制御に対しても、ほとんど遜色ない特性になっていますが、低速域（f_1=2.5、5.0[Hz]など）においては、トルクを増やすことで回転数がわずかに低下していることが確認できます。速度起電圧を利用したセンサレスベクトル制御の場合、どうしても低速域の誤差は増加する傾向にありますが、全体としては非常に良好な特性といえます。

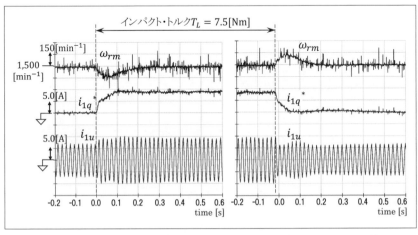

〔図7-5〕速度制御の負荷外乱応答の実測波形（インパクト負荷）

第7章 センサレスベクトル制御

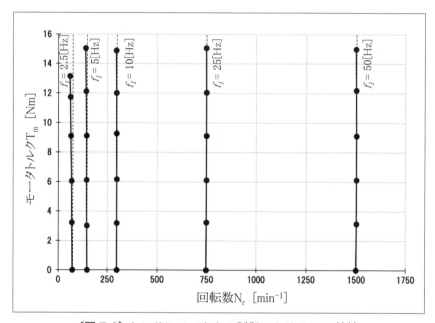

〔図7-6〕センサレスベクトル制御におけるN-T特性

7.4 センサレスベクトル制御の不安定現象

　誘導モータのセンサレスベクトル制御の大きな課題として、低速域の不安定現象があります。特に低速域における回生動作時に、制御系が不安定になることが知られています。これは2次磁束の変化による速度起電圧の低下を、速度の低下と判断してしまい、その速度を修正しようとする動作によって、益々磁束を低下させてしまう発散現象であり、特に電気定数の設定誤差が大きい場合に発生し易くなります。

　図7-7に、誘導モータのブロック図を用いた不安定現象の動作を示します。まず、過渡現象によって、すべり ω_s が「負」の値になったとします（図の①部分）。このすべりの変化によって本来「零」に制御されているq軸2次磁束 ϕ_{2q} が「正」の値として発生します（②の部分）。この「正」の値となった ϕ_{2q} は、2次時定数の振動系を介して、主磁束である ϕ_{2d} を低下させます（③の部分）。この結果、ϕ_{2d} に比例して発生するq軸の速度起電圧 E_q が低下してしまい（④の部分）、速度推定器では「速度が下がった」と判断します。誘導モータの電気角周波数 ω_1 は、速度推定値と同様に低下し、実際のすべり ω_s が益々低下します（⑤、⑥）。このループがシステムの発散ループとなり、一気に不安定になります。

　センサレスベクトル制御においては、q軸2次磁束 ϕ_{2q} の発生は、効率やトルク線形性の低下だけでなく、システム全体を不安定化する要因になり得ます。特に $\phi_{2q} > 0$ の場合には、主磁束 ϕ_{2d} を低下させるため、非常に危険な状態になります。

　この ϕ_{2q} の発生は、定数誤差によっても発生します。図7-8は、巻線抵抗 R_σ の設定値を変えてシミュレーションを行った結果で、それぞれ

第7章 センサレスベクトル制御

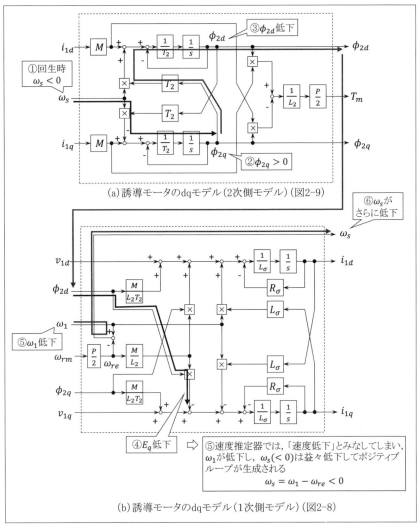

〔図 7-7〕センサレス駆動における回生時の不安定ループ

R_σ の設定値を 0.5、1.0、1.5 倍に変えています。2.5Hz の回転数（10[%] 速度）において、トルクのみをランプ状に増加させたときの過渡現象を示しています。定数の誤差によって、ϕ_{2q} が発生して、2 次定数による

- 190 -

振動現象が ϕ_{2d} と ϕ_{2q} の間で発生しています。しかし、ϕ_{2q} が負に変動した場合には安定化するのに対し、「正」に発生した場合（$R_\sigma = 1.5$ 倍のとき）に、一気に発散していることがわかります。

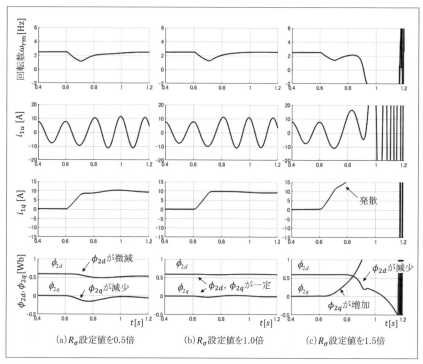

〔図 7-8〕定数誤差によるセンサレス制御系の発散

7.5 ϕ_{2q}を抑制するための補償方法

7.4節で述べたように、センサレスベクトル制御の低速域の不安定現象を抑制するには、q軸2次磁束であるϕ_{2q}を抑制することが重要であることがわかります。

ϕ_{2q}を直接検出することはできませんので、速度起電圧から間接的にϕ_{2q}を算出します。図7-9に示すように、2次磁束ϕ_2がd軸からずれてしまった場合、速度起電圧Eもq軸からずれるため、d軸の速度起電圧E_dが観測されることになります。このE_dは、ϕ_{2q}が零であれば発生しないため、E_dが零になるようにすべり周波数を調整することで、ϕ_{2q}の抑制が可能になります(文献[8])。

このϕ_{2q}抑制の機能(E_d制御器)を、図7-10に示すようにセンサレスベクトル制御系の中に組み込みます。E_d制御器は、すべり周波数を補

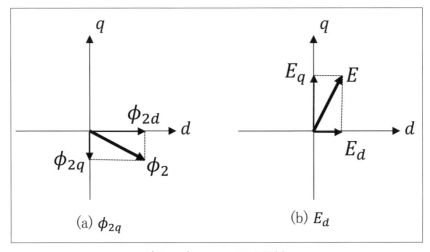

〔図7-9〕ϕ_{2q}とE_dの関係

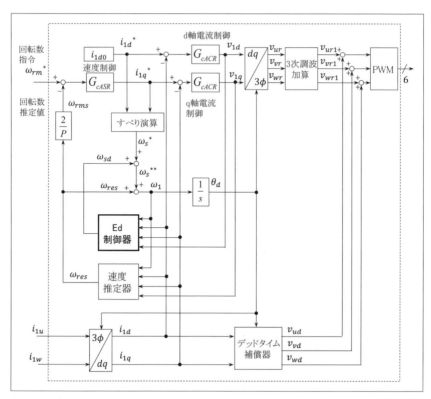

〔図7-10〕q軸2次磁束補償（E_d 制御）を備えたセンサレスベクトル制御の構成

正する ω_{sd} を出力して発散を抑制します。具体的な E_d 制御器の構成を、図7-11に示します。d軸の電圧指令 v_{1d} から、抵抗、漏れインダクタンス分の電圧降下分を差し引くことで E_d を求め、これが零になるようにPI制御を行います。この E_d 制御は、すべりの誤差の補正も行うことができ、間接的には2次時定数 T_2 の補償器としても動作しています。

しかし、d軸の"速度起電圧"であることから、ある程度の回転数が上がったところから動作させないと誤差が大きくなってしまいます。低速域で問題になるのですが、零速度では停止せざるを得ないものになっ

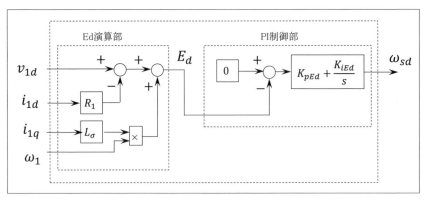

〔図 7-11〕E_d 制御の基本構成

ています。速度推定器と同様に、低速域では電圧誤差や R_1 の設定誤差の影響が問題になります。

図 7-12(a)、(b) に、回生動作時のシミュレーション波形を示します。

ここでは、定数設定誤差は与えず、10[%] 速度の条件で回生トルクの大きさを変えてシミュレーションを行っています。負荷トルクが−20%のとき（マイナスのトルクは回生を意味します）、ϕ_{2q} が若干発生しますが、不安定には至っていません。しかし、−100[%] のトルクを与えると、ϕ_{2q} が一気に増加して、同時に ϕ_{2d} が低下し、制御系が発散する様子がわかります。これに対し、図 7-12(c) では E_d 制御器を動作させ、ϕ_{2q} の発生を抑制しています。E_d 制御器は非常に有効であり、回生動作に対して極めて有効な手法であることがわかります。

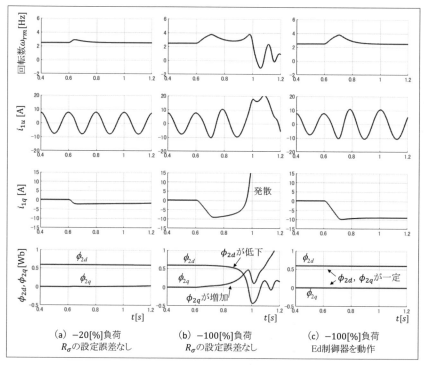

〔図7-12〕低速域回生時のセンサレス制御系の発散現象

7.6 E_d 制御器（ϕ_{2q} 抑制）の試験結果

　図7-13に、減速時の試験結果を示します。300 [min^{-1}] から 75 [min^{-1}] に減速を行いましたが、減速率が緩やかなためか、発散現象は生じていません。そこで R_σ の設定値を 1.6 倍まで増加したところ、図7-13(b) のように相電流が増加して、過電流によって停止しました。これに対して、E_d 制御を動作させたところ、同図 (c) のように見事に安定化できたことが確認できます。E_d 制御によって、ω_{sd} による補正が加わっている様子がわかります。

　図7-14は、誘導モータの始動試験を、R_σ の設定値を変えて実施した結果です。R_σ を 1.6 倍まで増やすと、図7-14(c) のように発散・停止していることがわかります。しかし、同図 (d) に示すように、E_d 制御を動作させることによって、発散が抑制されていることがわかります。尚、E_d 制御は零速度近傍では、実現が困難となるため、速度指令が 75 [min^{-1}] に到達した時点で動作を開始しています。

　以上、センサレスベクトル制御の基本動作と、低速域の課題と解決方法について述べました。制御構成は複雑になるものの、速度センサレスであってもかなりの性能が得られることがわかります。

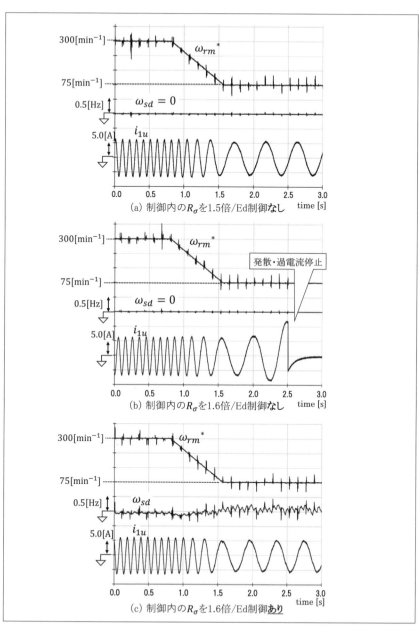

〔図 7-13〕回生動作時の不安定現象の実測波形

第7章 センサレスベクトル制御

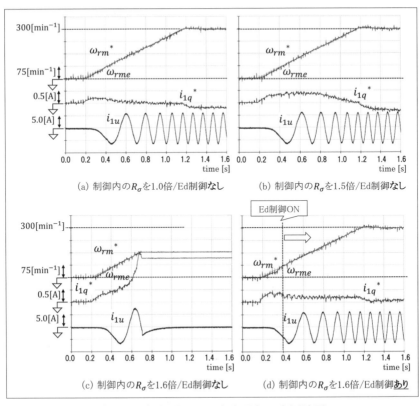

〔図 7-14〕起動時の不安定現象の実測波形

コラム：誘導モータのライバルになるのか？
シンクロナス・リラクタンス・モータ

　交流同期電動機のひとつに、シンクロナス・リラクタンス・モータ（Synchronous Reluctance Motor、以下、SynRM と略）があります。日本語では「磁気抵抗モータ」と呼ばれていたモータです。固定子側は、他の交流モータと同様に三相交流によって回転磁界を発生させますが、回転子はただの「鉄」です。回転子の形状を磁気回路的に「いびつ」にしておき、電磁石に鉄が吸い付く力を利用したモータです。

　原理は古くから知られていましたが、永久磁石を使わないことから、低コストに製造でき、またリサイクル性も高いという特長があります。近年、永久磁石同期モータよりは効率は劣るものの、誘導モータよりは高効率とされ、じわじわと世の中に出回ってきています。

　最近の数値計算を駆使した磁界解析技術の進歩によって、トルクの最大化などの限界設計も可能となり、SynRM の普及を後押ししています。SynRM のよいところは、誘導モータと同様に、励磁電流を可変にできる点でしょう。「弱め界磁」が効率的に実現できるため、電気自動車や鉄道等への応用が期待されています。

　ただし、SynRM の原理的な問題として「力率が悪い」という点が挙げられます。モータのコストは安くなる反面、インバータの kVA が大きくなってしまいます。システム全体としてどこまで低コストに抑えられるのか？特に大容量のドライブシステムへ向けての課題といえます。

第8章

その他の誘導モータの制御

本章では、第7章で解説した誘導モータのセンサレス制御とは構成の異なる他の方式について説明します。第7章のセンサレスベクトル制御は、誘起電圧の推定から誘導モータの回転速度情報を算出する、もっとも基本的な誘起電圧オブザーバ方式です。しかし、この方式以外にも、様々な方式のセンサレス方式があります。本章では、主に実用化実績のある他の方式に関して、原理や特徴をまとめたいと思います。

8.1 q軸電流制御型の速度推定方式

図8-1に、q軸電流制御型の速度推定を導入したセンサレスベクトル制御の構成を示します（尚、本章では、第7章の図7.1に記載したデッドタイム補償器や3次調波加算のブロックは省略して構成を示します）。

図8-1の構成は、1987年に論文誌（文献 [9]）に掲載された国内で最も古いセンサレス方式の一例です。この方式では、図7-1の方式に比べて、誘起電圧オブザーバのような速度推定部分が存在しないことがわかります。

図8-1の方式では、q軸電流制御器（図8-1、中央部分の G_{cACR}）の出力が速度推定値 ω_{res} になっていることがわかります。電流制御の出力は、通常は電圧を出力しますが、ここではそれを速度推定値としています。

この速度推定値 ω_{res} にすべり周波数 ω_s を加算して ω_1 を得ています。ω_1 は、上部の電圧指令演算器において v_{1q} の算出に用いられています。つまり、q軸電圧 v_{1q} は速度推定値 ω_{res} を中間変数として決定されることになります。

この制御方式では、q軸電流の指令とのずれは、速度のずれによるも

- 203 -

第8章 その他の誘導モータの制御

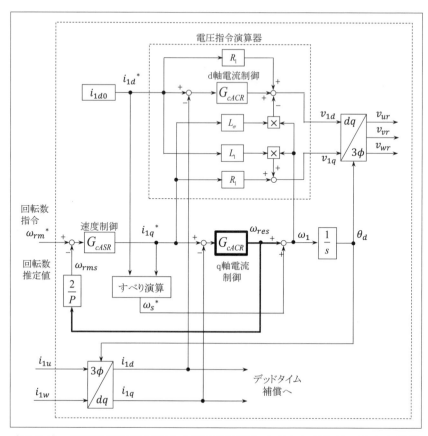

〔図 8-1〕q 軸電流制御器の出力を速度推定値とするセンサレスベクトル制御

のと考えています。速度偏差によって速度起電圧がずれ、結果的に q 軸電流が指令に合っていないとみなして制御系を構築しています。このように、制御の設計においては、「操作量と制御対象の状態量の関係」を設計者のアイディアで考案し、それによって制御ループを工夫することが重要になります。「電流制御器の出力は電圧である」という固定概念に支配されていると、なかなか思いつかないアイディアといえます。

図 7-1 のような一般的な誘起電圧オブザーバ方式に比べて、オブザー

バゲインの設計が不要であることはメリットといえます。このメリットの裏返しでもありますが、速度推定応答と、電流制御応答を分離できないという点がデメリットにもなってしまいます。図 8-1 を実際に実現してみると、電流制御ゲインの設定範囲は意外と狭く、高応答化するのが難しくなります。もちろん、これは誘導機の負荷の特性にも関係しています。

　また、この方式では、速度制御を行わない「トルク制御」が簡単に実現できます。図の i_{1q}^* をトルク指令として直接与えることで、トルク指令型のセンサレスベクトル制御が実現できます。例えば、鉄道電気車両用の誘導モータは、トルク指令で駆動されますので、そのセンサレスベクトル制御方式として採用された経緯もあります。シンプルな構成で、かつ、トルク制御が実現できることから、非常に有用な方式でした。しかし、設定応答の安定範囲の点では、第 7 章に示した誘起電圧オブザーバタイプ方が有利といえます。

8.2 簡易型センサレスベクトル制御方式

(1) 簡易型センサレスベクトル制御の原理

　図8-2に、簡易型センサレスベクトル制御方式の構成を示します。この方式では、速度制御や電流制御の「フィードバック制御系」が一切ないことがわかります。このようなフィードバック系のない構成を「制御」

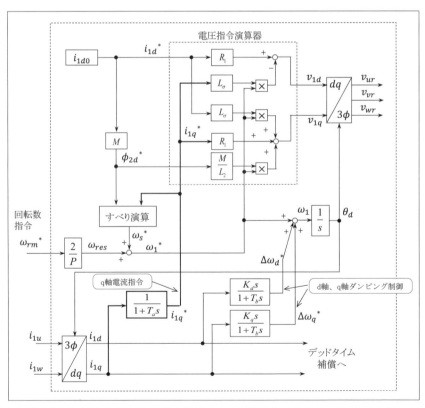

〔図 8-2〕フィードバック系を持たない簡易型センサレスベクトル制御

と呼ぶに値するのか？という疑問はあるかも知れませんが、実用化例は多数あり、現在も稼働しているシステムです（文献 [10]）。

　図より、この方式では、フィードフォワードを多用していることがわかります。例えば、モータに加える電圧 v_{1d}、v_{1q} は、電流指令、ならびに速度指令から、直接フィードフォワードとして演算されています。すなわち、第 5 章で解説した V/F 一定制御にかなり近い方式であることがわかります。V/F 一定制御（例えば、図 5-8）では、回転速度指令のみに基づいて、電圧振幅、交流位相を決定しています。これに対し、本構成では、電流指令を用いて、すべりを管理していることがわかります。負荷に応じてすべりを与えることで、速度偏差を低減し、かつ、トルクの線形性も保つことができます。すべり演算の設定誤差がなければ、定常時における特性は、ベクトル制御と全く同じになります（すなわち、q 軸 2 次磁束 ϕ_{2q} は零に制御される）。

　電流指令として、d 軸電流は励磁電流を設定すれば問題ありませんが、q 軸電流指令は、必要とする負荷の大きさに応じて変化させなければなりません。しかし本構成では速度制御器がないため、q 軸電流指令を生成する部分が存在しないことになります。

　この問題を、この方式では簡単に解決しています。図 8-2 左下にある dq 座標変換後の電流検出値 i_{1q} に対して、時定数 T_a の 1 次遅れフィルタを介して、そのフィルタ出力を q 軸電流指令 $i_{1q}{}^{*}$ としています。この $i_{1q}{}^{*}$ は、正しくは「指令値」ではなく、発生した q 軸電流の結果の値といえます。まさに「後出しジャンケン」のような考えで、電流指令を決定しています。この電流指令に基づき、上部にある電圧指令演算器において、印加する電圧 v_{1d}、v_{1q} を計算します。この部分が本制御方式の重要なコンセプトといえます。一般のベクトル制御とのコンセプトの違いは以下

第8章　その他の誘導モータの制御

となります。

- ・一般のベクトル制御：速度が所望の値になるように、流すべきトルク電流の指令を決定する。そのトルク電流指令に実際の電流が一致するように電圧を調整し、同時にすべりも与える。
- ・簡易型センサレスベクトル制御：速度が所望の値になるように、モータに交流電圧を印加する。負荷がかかって、トルク電流が発生したら、それに見合うように印加電圧を修正し、同時にすべりも修正する。

　簡易型センサレスベクトル制御では、指令よりも先に負荷電流が変化し、あと付けとして電圧やすべりが決定されます。これは応答性能が悪いように感じられるかも知れませんが、意外とそうでもありません。従来の速度制御の場合、電流指令は速度制御器の設定応答に制限されます。それ以上、早く応答することはありません。しかし、速度制御器がない簡易型の場合、電流の変動はそのまま電圧の補正、すべりの補正に連動しますので、場合によっては速度変動率は少ないことがあります。

　また、フィードバックループがないことから、V/F 一定制御で問題となった「乱調」が生じる恐れもあります。その場合、第5章と同様にd軸ダンピング、q軸ダンピング制御が有効に機能することがあります（図8-2の右下の部分）。

　この簡易型センサレスベクトル制御は、ファンやポンプなどの動力用途に非常に適しており、大容量の誘導モータの可変速駆動にも適用されています。ただし、トルクリミッタのような機能がないため、過大負荷が一気にかかってしまうとトルク抜けが生じる恐れがあります。よって、

- 208 -

低速から大トルクが加わるような用途には、あまり向いていないと言えます。

（2）シミュレーション結果

　図8-3に、負荷として二乗逓減負荷（ファンやポンプの特性）を想定した場合の、(a) センサ付きベクトル制御、(b) 簡易型センサレスベクトル制御の起動波形を示します（シミュレーション波形）。

　2秒で最高速度（25[Hz],1,500[r/min]）までの加速が完了しています。負荷が二乗逓減負荷のため、回転数上昇に伴って、負荷トルク T_L が加速度的に増加していることがわかります。

　センサ付きベクトルの方は、停止状態から最高速度まで、無駄のない理想的な起動特性を示しています。これに対して、簡易型センサレスベクトル制御の方は、高速域ではセンサ付きベクトル制御に大差ないことがわかります。また、トルク電流 i_{1q} は、トルク電流指令 $i_{1q}{}^*$ との差が大きいことがわかります。これはトルク電流指令 $i_{1q}{}^*$ は後付けで決定されているためであり、簡易型センサレスベクトルの原理的な課題といえます。特に起動時には乖離が大きく、結果として二次磁束 ϕ_{2d}、ϕ_{2q} も起動時には変動しています。しかし定常状態においては ϕ_{2q} は零に維持されるため、ベクトル制御と同等な特性になります。

　誘導モータの応用システムは、必ずしも、高精度、高応答のみにニーズがあるわけではなく、可変速による省エネ駆動が実現でき、常に高効率点で動作可能であること、などが要求されるシステムも多く、そのような用途であれば、この簡易型センサレスベクトル制御で十分に仕様を満たすことがあります。

🔒 第8章 その他の誘導モータの制御

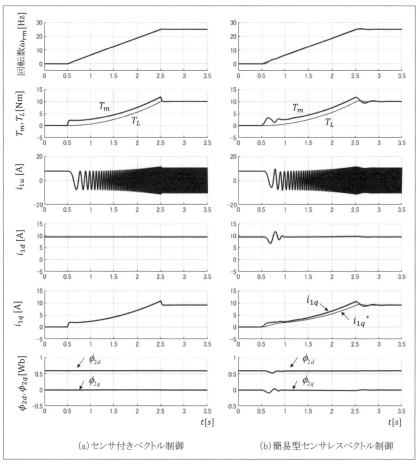

〔図 8-3〕二乗逓減負荷に対する起動特性の比較

8.3 0Hz センサレスベクトル制御方式

（1）低速域におけるセンサレスベクトル制御の特性

オブザーバ型のセンサレスベクトル制御の最大の欠点は、駆動周波数が0Hz近傍において速度推定誤差が大きくなることです。0Hz近傍では、速度起電圧も零に近付くため、インバータの出力電圧誤差や、巻線抵抗 R_1 の温度変化による誤差の影響で、速度推定値は実際の速度に対して大きな誤差を持ちます。

図8-4に、センサ付きベクトル制御と、センサレスベクトル制御における0Hz近傍でのシミュレーション結果を示します。抵抗 R_1 の設定値に、意図的に30%の誤差を与えています。回転数指令を $2.5\text{Hz} \rightarrow -2.5\text{Hz}$ のように零を横切るように与えていますが、センサ付きベクトル制御では、問題なく駆動できています。尚、負荷トルクは回転数に比例するように与えています。

一方で、センサレスベクトル制御の方は速度推定誤差によって ϕ_{2q} が大きく減少し、その影響で i_{1q} が増大化し、過電流で停止しています。このような「トルク抜け」が零速度近傍では生じてしまいます。この現象は、速度起電圧が零に近付いていること、モータの電気定数に基づいて速度推定を行っていることなどが原因であり、センサレスベクトル制御を低速域で利用する上での大きな課題です。

- 211 -

🔒 第8章 その他の誘導モータの制御

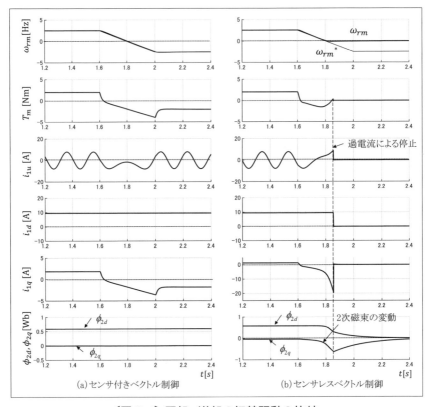

〔図 8-4〕正転 - 逆転の切替駆動の比較

(2) 0Hz センサレスベクトル制御の構成

図 8-5 は、低速域の高トルク化を実現するために考案されたセンサレスベクトル制御（以下、0HzSLV（Sensor-Less Vector）と略）の構成です（文献 [11]）。図に示すように、信号を切り替えるためのスイッチ① SW1、② SW2、③ SW3 が追加され、通常時には「H」側に切り替えられ、駆動周波数が 0Hz 近傍においては「L」側に切り替えて使用します。各スイッチは、以下のように動作します。

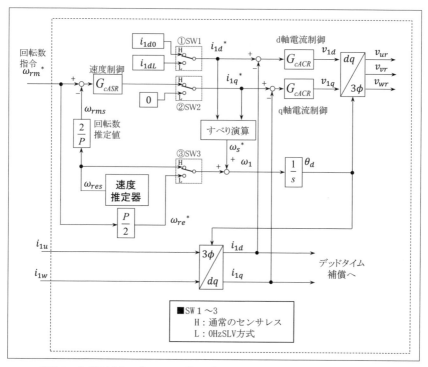

〔図 8-5〕低速域の高トルク化を実現するセンサレスベクトル制御

① SW1：励磁電流 i_{1d} を、0HzSLV の場合には i_{1dL} として、定格電流、あるいはそれ以上の値にまで励磁電流を増加させます。
② SW2：0HzSLV 時には、トルク電流指令を零として、速度制御を行いません。
③ SW3：0HzSLV 時には速度推定値を使用せず、代わりに回転数指令の値を電気角周波数に変換して、フィードフォワードとして与えます。尚、すべり演算器は動作していますが、$i_{1q}^* = 0$ のため、ω_s^* も零になります。

上記のように、0HzSLV 時には、「定電流源による速度フィードフォ

ワード制御」のような動作状態になります。速度推定をカットしているため、速度偏差はすべり分だけ発生しますが、ここでは精度よりも「トルクを死守する」ことに重点が置かれています。「何が何でもトルク抜けを起こさない」ための制御構成と言えます。

(3) 0Hzセンサレスベクトル制御のトルク発生原理

図8-6、ならびに図8-7を用いて、従来のベクトル制御とのトルク発生原理の違いについて説明します。図8-6に示す通常のベクトル制御（センサ付き・センサレス）では、励磁電流 i_{1d} を常に一定に保ち、二次磁束 ϕ_{2d} を一定に制御します。必要なトルクに応じて i_{1q} を増加し、トルクはこれら ϕ_{2d} と i_{1q} の積によって線形化されます。この際、ϕ_{2q} が発生してしまうと線形性がくずれるため、すべりを調整して ϕ_{2q} が零になるように制御しています。これが誘導モータのベクトル制御です。

0HzSLVでは、i_{1d} を定格電流以上の一定値（i_1）に制御し、i_{1q} は常に零

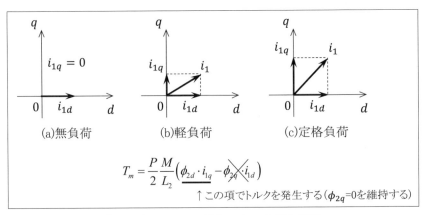

〔図8-6〕ベクトル制御のトルク発生原理

に制御します。その結果、負荷を増加させるに従い、i_1 の電流が主磁束成分とトルク成分に分離され、自然にトルクが発生します。これはトルク式の ϕ_{2q} と i_{1d} の項によるトルクに相当します。つまり、i_1 の値として定格電流さえ流しておけば、定格トルクまでは出力可能になり、さらに大きな電流を流しておけば、100%以上のトルクも発生可能です。

図8-8に0HzSLVのシミュレーション波形を示します。図8-5の構成で、各スイッチ SW1～3 は「L」に切り替えられた状態になっています。速度指令が零をよぎっても、安定に駆動していることがわかります。このとき、i_{1d} は一定、$i_{1q}=0$ に制御され、モータの発生トルク T_m は、ϕ_{2q} によって生じている様子がわかります。

0HzSLV は、0Hz 近傍のトルク抜けを防止するために開発された制御法であり、0Hz からトルクを必要とするクレーン、昇降機、搬送機などの用途に用いられています。ただし、速度偏差がすべりと共に発生しますので、そこは一般的なセンサレスベクトル制御とは大きく異なります。また、低速域で大電流を流し続けますので、インバータの負担は大きく

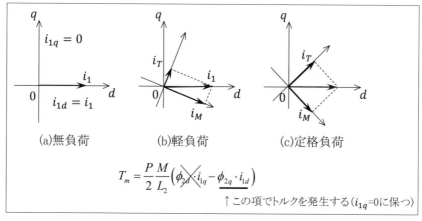

〔図8-7〕0HzSLV のトルク発生原理

第8章 その他の誘導モータの制御

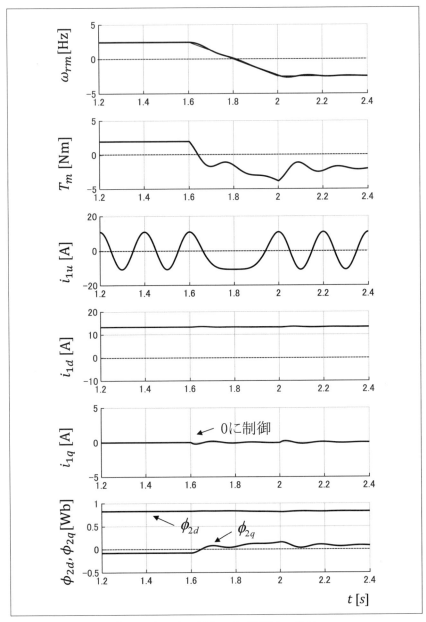

〔図 8-8〕正転 - 逆転の切替駆動の比較

なります。しかし、センサレスでありながら、低速でのトルク抜けがない制御として、非常に実用的な手法と言えます。

第8章　その他の誘導モータの制御

8.4　誘導モータの定数自動計測

（1）誘導電動機の定数測定法

　ベクトル制御を実現する上では、対象とする誘導モータの電気定数を正確に設定する必要があります。センサ付きベクトル制御においては、トルクを線形化するためにすべり周波数を正確に合わせる必要があり、それには2次時定数 T_2（$=L_2/R_2$）の設定値が重要となります。また、センサレスベクトル制御では、速度の推定演算を行うために、T_2 に加えて R_1、M、L_2、L_σ などの精度も必要となり、これらの定数が合っていないとベクトル制御のめざすトルクの線形化が実現できなくなります。

　まずは、手動による定数計測方法としてよく知られている手法を示します。誘導機の定数測定方法は、電気学会の電気規格調査会（JEC）により規格化され、最新版として"JEC-2110：2017"があります。規格に準じた詳細は、こちらを参考にして下さい。

　教科書等に示されている定数測定方法は、対象の誘導モータに対して、(a) 直流試験、(b) 交流試験を実施します。交流試験では、回転軸を固定した「拘束試験」と、誘導モータ単体で駆動する「無負荷試験」を行い、定数を測定します。

　図8-9(a)、(b) に、誘導モータの直流試験、交流試験の結線図を示します。直流試験では、誘導モータの2相間に直流電流を流し込み、端子電圧と電流から R_1 を算出します。交流試験では、三相の商用交流電源をスライダックで電圧を調整し、誘導モータの電流、電圧、電力を計測します。電力を計測するのは、力率を得るためであり、力率から位相が

－ 218 －

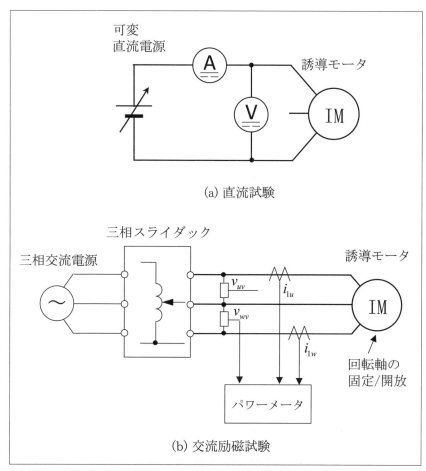

〔図 8-9〕誘導モータの定数測定

得られますのでインダクタンス値を計測できることになります。

図 8-10(a) に誘導モータの T 型等価回路 (第 5 章・図 5-1) を示します。この図に示す回路定数をすべて計測します。

第8章 その他の誘導モータの制御

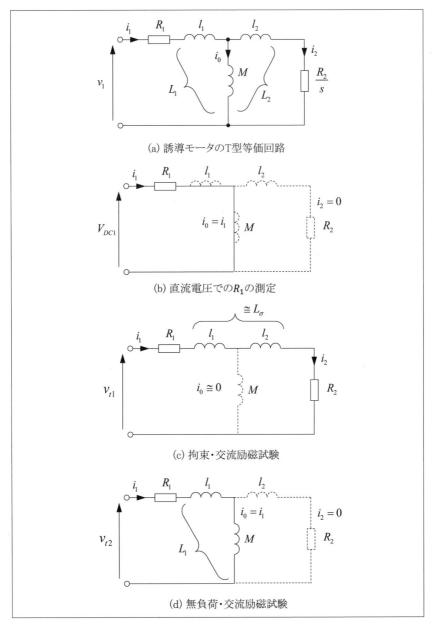

〔図 8-10〕誘導モータの電気回路モデル

①直流による R_1 の測定

図 8-10(b) のように、誘導モータに直流を流すと、相互インダクタンス M によって一次側の回路が短絡されるため、等価的に R_1 だけの回路とみなすことができ、直流印加電圧 V_{DC1} と直流電流 i_1 から R_1 が計測できます。実際の回路は、図 8-9(a) に示すように、二相間に通電しますので、得られた抵抗値を 2 等分して、各相の R_1 の値とします。

また、一般的に R_1 は大きくても数 Ω であり、大容量の誘導モータでは数 $10\mathrm{m}\Omega$ 程度の微小な値になる場合もあり、非常に計測が難しい定数です。ですので、印加している電圧、流れている電流を高精度に計測する必要があります。

②拘束・交流励磁試験

図 8-10(c) は、誘導モータの回転軸を固定し、交流電圧を加えて電流、ならびに電力を計測します。このとき回転軸が拘束されていることから、誘導モータは回転せず、速度起電圧が発生しません。また、回転軸が拘束されているため、すべりは「1」となり 2 次回路は ℓ_2 と R_2 の直列回路と等価になります。この状態では、交流電流は相互インダクタンスにはほとんど流れず、2 次側へ流れます。これは印加する交流の周波数にも寄りますが、すべりが零である以上、2 次回路のインピーダンスは非常に小さくなるため、電流は 2 次側に集中します。よって、この状態では、誘導モータは R_1、L_σ、R_2 の直列回路とみなすことができます。

結果として、図 8-8(c) の等価回路で電流、電圧、電力を計測することで、L_σ と、$R_1 + R_2$ の値が算出できます。さらに直流試験で得た R_1 を用いることで、R_2 も求めることができます。

また、L_σ は 1 次と 2 次の漏れインダクタンス ℓ_1、ℓ_2 に分離すること

－ 221 －

第8章　その他の誘導モータの制御

は難しく、L_σ を 2 等分などして近似的に ℓ_1 と ℓ_2 を求めます。

　尚、この試験では印加電圧を下げて試験を行います。回転軸を固定しているため、誘導モータは回転することはなく、低い電圧でも大電流が流れます。誘導モータは壊れにくいモータですが、注意しないと大電流がモータに流れ、巻線が発熱する場合もありますので、気をつけて下さい。

③無負荷・交流励磁試験

　最後に誘導モータの回転軸をフリーにして、無負荷で定格速度まで加速します。スライダックで調整して、電圧を増加することで無負荷運転が実現できます。

　この条件では、無負荷であることからすべりは「零」となり、等価的に R_2 が∞となります。結果として、1 次側からの電流は 2 次回路には流れず、励磁インダクタンスを流れます。よって、この条件では R_1、ℓ_1、M の直列回路とみなすことができます。電流、電圧、電力から L_1 が算出され、漏れインダクタンス ℓ_1（$\fallingdotseq L_\sigma/2$）を差し引くことで M も求められます。

（2）R、L の算出方法

　交流励磁試験では、拘束試験、無負荷試験とも誘導モータを単純なR-L 直列回路とみなして定数を算出します。その算出方法を示しておきます。図8-11 に R-L 直列回路と、そのベクトル図（フェーザ図）を示します。図において、φ は力率角を表し、電力測定からこの φ を求めておきます。ベクトル図より、

– 222 –

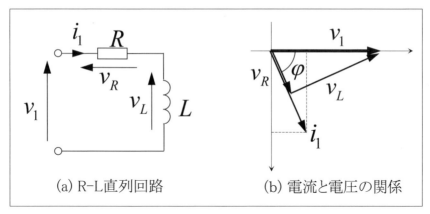

〔図8-11〕R-L 直列回路における電流・電圧・力率角の関係

$$v_R = v_1 \cos\varphi \quad \cdots\cdots\cdots\cdots\cdots\cdots\cdots\cdots\cdots\cdots\cdots\cdots (8\text{-}1)$$

$$v_L = v_1 \sin\varphi \quad \cdots\cdots\cdots\cdots\cdots\cdots\cdots\cdots\cdots\cdots\cdots\cdots (8\text{-}2)$$

であり、R、L はそれぞれ、

$$R = \frac{v_1 \cos\varphi}{i_1} \quad \cdots\cdots\cdots\cdots\cdots\cdots\cdots\cdots\cdots\cdots\cdots\cdots (8\text{-}3)$$

$$L = \frac{v_1 \sin\varphi}{\omega i_1} \quad \cdots\cdots\cdots\cdots\cdots\cdots\cdots\cdots\cdots\cdots\cdots\cdots (8\text{-}4)$$

として算出できます。この計算を拘束試験、無負荷試験で行うことで、誘導モータのパラメータが得られます。

（3）誘導モータのオートチューニング機能

　上記のような計測を行うことで、定数未知の誘導モータに対しても電気定数を得ることができます。しかし、スライダックを用意したり、回

転軸を固定したりなど、非常に大がかりな測定になります。

そこで、市販の汎用インバータでは、この定数測定を自動で行う「オートチューニング機能」が備わっているものもあります。電源やスライダックを用いず、インバータを用いてこれらの計測を実現します（図8-12）。

オートチューニング手法は、様々なものが実用化されていますが、原理的には前述した手動の計測方法を、インバータに置き換えて実施するものが多いようです。

直流試験は、インバータを用いて直流を印加して計測します。ただし、インバータの電圧精度は低いので、電圧を数段階に分けて印加し、そのときの電流の傾きから R_1 を算出するなどの工夫をしています。

拘束・交流励磁試験は、実際に誘導モータを拘束せずに、単相交流をインバータで作成して、誘導モータを回転させずに R_1、R_2、L_σ を計測するものが多いです。単相交流は、例えば、三相のうちの二相にのみ交流を印加するとか、あるいは U-V 相に単相交流を印加し、同時に W 相にも V 相と同じ電圧を与えることで、U-VW 間に単相交流を印加しています。力率は、電圧に対する電流位相を求めるため、フーリエ積分によって、sin 成分、cos 成分を求めるなどの工夫をしています。

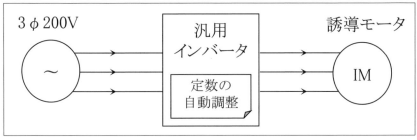

〔図 8-12〕誘導モータの定数調整機能

無負荷・交流励磁試験では、V/F 一定制御で加速して、測定を行っています。ただし、モータ単体での無負荷試験ができるとは限らないので、負荷が存在する場合にも対応した方式もあります。無負荷試験の時点では、すでに R_1、R_2、L_σ などが計測されていますので、それらを利用すると、負荷がある条件でも L_1 や M の値を計測することが可能です。

　その他、無負荷試験を行わずに、停止条件ですべての定数を測ろうという方式も検討はされています。しかし誘導モータの磁気回路は複雑であり、ベクトル制御に必要な定数を得るには、できるだけ実運転に近い条件を用いて計測するのがよいようです（文献 [12]、[13] など）。

🖥 第8章 その他の誘導モータの制御

コラム：奥山俊昭博士

　私が（株）日立製作所に入社したときのチームリーダーであり、モータ・ドライブの分野に多大な貢献をされた人物に奥山俊昭博士がおります。日立研究所の技術主幹をされた後、現役を引退されて20年程度経ちますが、彼の影響は世界規模に多大なものであったと思います。

　第8章で紹介した「実用的な他の方式」というのは、すべてこの奥山博士の発案のものです。私は彼の教えを乞うた者の一人に過ぎません。これまでに様々なすごい技術者に会いましたが、この人にはどうしたって敵うわけがないと思った人物の一人です。

　当時はまだシミュレーションも普及しておらず、かといって実験をするわけでもないのに、彼は事務室の机に座っているだけで、次々にアイディアが湧き出てくる人物でした。一般人の私は、実験やシミュレーションすることでアイディアに気付くことが多かったのですが、彼は完全に"机上"でアイディアを思いつくのです。「机上の空論」などという言葉を疑ったものです。

　ワープロになかなか手を出さず、彼の机の周りは消しゴムのカスと、かきむしった髪の毛だらけでした。天才がひとりでも職場にいるということは、若手にとっては知的好奇心を沸き立たせる存在であり、同時に自分の身の程を知り謙虚さを身に着けるという、とてつもなくありがたい存在でした。

付録

（1）座標変換式

　交流モータ・ドライブでよく使う座標変換の数式を以下に記します。3相交流（U、V、W相）、$\alpha\beta$固定座標、dq回転座標のそれぞれの変換式は、各ベクトル図を描くことで、その射影から理解できます。各式において、一般的には「絶対変換」が広く用いられ、係数の$\sqrt{2/3}$は変数の「数の違い（3相と2相の違い）」をエネルギーとして一致させるためのものです。相対変換は、エネルギーが一致しませんので、トルクの計算などに注意が必要です。

📎 付録

■ 3相→dq変換

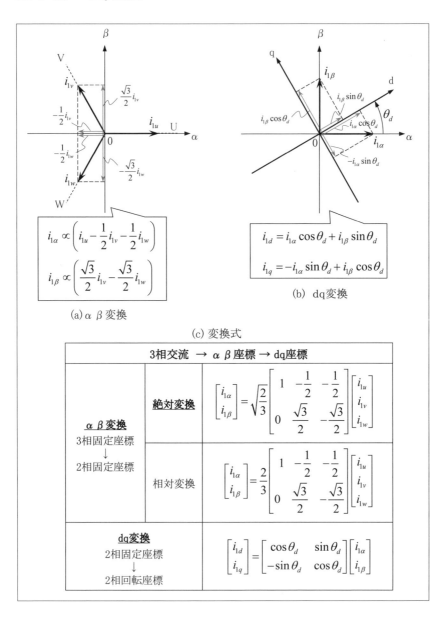

(a) αβ変換
(b) dq変換
(c) 変換式

■ dq → 3相変換

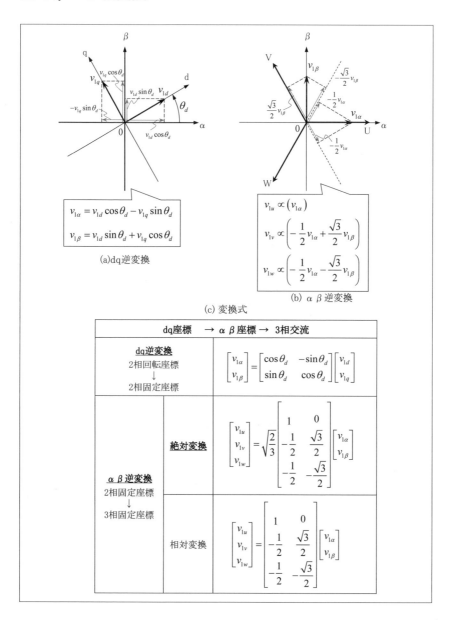

🗂 付録

（2）実験装置

　第5章以降、実験結果を記載しています。その実験に用いた装置の外観を以下に示します。

　試験用の誘導モータには、トルク・ピックアップを挟んで負荷モータ（ACサーボモータ）が取り付けられています。誘導モータを速度制御し、負荷モータ側でトルク指令を変えて負荷実験を行っています。インバータの直流電源は、負荷のサーボアンプの直流電源を利用することで、回生エネルギーを循環させています。

　実験用のインバータは、三菱電機社製のDIP-IPM（6in1、20A/600V）を使用して作成しました。実験用として、過電流保護などを何重にもしています。制御器は、モータ制御用マイコンであるルネサスエレクトロニクス社製の「RX72T」を使用したマイコンボードを活用しました。ソフトウエアはすべて手作りです。

■実験装置の構成

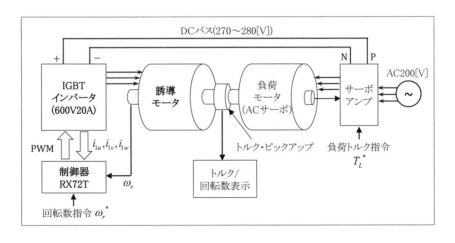

🗒 付録

■実験装置の外観

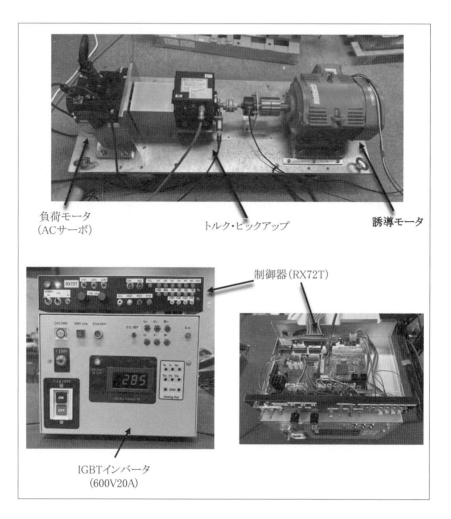

参考文献

[1] 杉本，小山，玉井、「AC モータ可変速制御システムの理論と設計」、森北出版株式会社、2020 年

[2] 電気学会・センサレスベクトル制御の整理に関する調査専門委員会、「AC ドライブシステムのセンサレスベクトル」、オーム社、2016 年

[3] 岩路、足塚、「高トルク & 高速応答！センサレス・モータ制御技術（パワー・エレクトロニクス・シリーズ）」、CQ 出版社、2017 年

[4] 新中新二、「誘導モータのベクトル制御技術」、東京電機大学出版局、2015 年

[5] 長瀬博、「鉄道車両用ＩＭとＰＭＳＭの運転時の損失比較」、平成 28 年電気学会・産業応用部門大会、講演論文集、No.5-41、2016 年

[6] 磯部、張、森久、関澤、田中、「21 世紀の都市交通システムを担うリニア地下鉄」、日立評論、Vol. 81、No. 3(1999-3)

[7] 戸張、奥山、「誘導電動機の速度制御装置」、公開特許公報、特開平 6-284771、1994 年

[8] T. Okuyama, H. Nagase, Y. Kubota, H. Horiuchi, K. Miyazaki, S. Ibori, "High Performance AC Motor Speed Control System Using GTO Converter", IPEC-Tokyo '83, Conference Record, pp. 720-731, 1983.

[9] 奥山、藤本、松井、久保田、「誘導電動機の速度センサレス・ベクトル制御法」電学論 D,Vol.107, No.2, pp.191-198、1987 年

[10] K.Nagata, T.Okuyama, H. Nemoto, T.Katayama," A Simple Robust Voltage Control of High Power Sensorless Induction Motor Drives With High Start Torque Demand", IEEE Trans. on IA, Vo. 44, Issue 2, 2008.

付録

[11] 戸張、奥山、椙山、国井、「速度センサレスベクトル制御のゼロ速度域における高トルク制御法」、平成 10 年電気学会全国大会 N0.895, pp. 4-301 〜 4-302、1998 年

[12] 小林，金原，福田，大沼，「誘導電動機の無回転定数測定法」、電学論 D,128 巻 1 号 ,pp.18-26, 2008 年

[13] 柴田、岩路、小沼，杉本、渡邊、「ロック条件を利用した誘導電動機の定数推定法」、2022 年電気学会・産業応用部門大会、講演論文集、No.3-30、2022 年

あとがき

　誘導モータという、非常に摩訶不思議なモータの制御方法について本書をまとめました。モノ作りの面白さの中でも、「制御する」という面白さは格別なものだと思います。ハードウエアの変更なしで、ソフトウエアを改良していくだけで、性能が大きく変わっていくわけです。特にこの誘導モータという制御対象は、制御手法によって性能が大きく変わるモータでもあります。これほど、知恵の出し甲斐のある分野が、他にあるでしょうか？

　電気自動車が普及し始めた現代、SDV（Software Defined Vehicle）という概念が広まりつつあります。これはハードウエアが担ってきた部分を、どんどんソフトウエアで置き換えて、常に最新版に更新していこうという技術革新です。今後、電気自動車に限らず、様々なハードウエアに起きるイノベーションではないかと思います。

　世の中はソフトウエア重視になりつつあり、情報系の技術者を増やそうという動きがありますが、本書を読んで頂ければおわかりのように、ハードウエアあってのソフトウエアです。プログラミングだけが専門の技術者では、モータ制御のソフトウエアを組むことは不可能です。情報系に人財シフトするにしても、科学の基礎である電気、機械、化学などの分野の専門性がなければ、モノ作りの現場では実際のところ意味はないのです。

　情報科学を重視するにしても、基礎科学の学びを怠っては本末転倒になりかねないでしょう。私自身、基礎科学の一つである"電気"を学べたことは、視野を大きく広げるきっかけになったのは言うまでもなく、その結果、誘導モータを初め、ベクトル制御、センサレス制御などの人

🔒 あとがき

類の英知を体現することができました。この貴重な体験（≒感動）を他の方々にも味わって頂きたく、本書を執筆しました。本書が読者の皆様のお役に立てることを願っております。

著者

索引

あ
アラゴの円盤 ･･････････････････････ 29, 31, 33

え
演算処理周期 ･････････････････････････ 68, 99

お
応答時間 ･･････････････････････････････････ 97
オートコード ･･････････････････････････････ 87
オン / オフ制御 ･････････････････････････ 81, 82

か
干渉項 ･･･････････････････････････････ 165, 168

き
逆起電力 ･･････････････････････････････ 8, 10
逆モデル ･････････････････････････････････ 96
極数 ･･･････････････････････････････････････ 44

け
ゲート・ドライブ回路 ･･････････ 56, 73, 74, 75, 76

さ
三角波キャリア ････････････････････ 55, 60, 68

す
スイッチング損失 ･･････････････････････ 58, 65

せ
制御処理周期 ･････････････････････････････ 68
正弦波変調 ･･･････････････････････････････ 60
零極相殺 ･････････････････････････････････ 96
零相電圧 ･･････････････････････････ 62, 63, 65
センサレスベクトル制御 ･･････ 83, 177, 187, 189

そ
相互インダクタンス ･･････････････････ 35, 36
速度起電圧 ･･････ 8, 10, 11, 179, 182, 193, 204, 211
速度制御系 ･････････････････････････････ 101

た
ダイオード整流器 ･･････････････････････････ 52

ダ
ダンピング制御 ････････････････････ 135, 137

て
定出力負荷 ･･･････････････････････････････ 22
定出力領域 ･･･････････････････････････････ 18
定常偏差 ･････････････････････････････････ 97
定トルク負荷 ･････････････････････････････ 22
定トルク領域 ･････････････････････････････ 18
デッドタイム ･･････････････ 69, 70, 122, 124
デッドタイム補償 ････････････ 121, 124, 128
電圧利用率 ･････････････････････ 62, 63, 65
電流制御系 ･････････････････････････ 88, 102

と
等価変換 ･････････････････････････････････ 91
導通損失 ･････････････････････････････････ 58
突入電流防止回路 ･･･････････････････････ 72

に
二乗逓減負荷 ････････････････････ 22, 24, 209

は
パルス幅変調 ･････････････････････････････ 55
パワー MOSFET ･･････････････････････････ 58
パワー半導体素子 ･･････････････････････････
52, 53, 54, 55, 56, 57, 58, 69, 70, 73, 74, 75, 76, 124, 128
パワーモジュール ･･･････････････････････ 76
汎用インバータ ･･････････････････････････ 52

ひ
非干渉補償 ･･････････････････････ 165, 167
比例制御 ･･･････････････････････････ 85, 94
比例・積分制御 ･･････････････････････ 85, 94
比例・積分・微分制御 ･･･････････････････ 94

ふ
ブート・ストラップ・コンデンサ ･･･････････ 75
フォト・カプラ ･･･････････････････････ 73, 74

へ
ベクトル制御 ････････････････････････････ 83

も
モデルベース開発 ･･･････････････････････ 85
漏れインダクタンス ･･ 39, 41, 111, 112, 129, 145, 147

漏れ電流 ··································· 58

よ
弱め界磁 ························ 16, 18, 22, 170

ら
乱調 ······································· 83
乱調現象 ························· 131, 133, 137

れ
励磁インダクタンス ························ 112

D
dq 逆座標変換 ···························· 118
dq 逆変換器 ······························ 118
dq 座標変換 ······························ 122
d 軸ダンピング ······················ 133, 134

E
E_d 制御 ································· 196
E_d 制御器 ······················ 192, 193, 196

I
IGBT ····························· 54, 58, 70

M
MATLAB ······························· 91

N
N-T 特性 ························ 140, 162, 187

P
PID 制御 ································· 94
PI 制御 ······························ 85, 94
P 制御 ··································· 94
PWM ····················· 55, 56, 60, 68, 73
PWM 制御 ······························ 54

Q
q 軸ダンピング ······················ 133, 134

V
V/F 一定制御 ·····························
82, 83, 111, 113, 115, 118, 121, 126, 131, 133, 137,
140, 145, 156, 157, 160, 161, 162, 180, 207, 225

数字
1 次巻線抵抗 ···················· 36, 112, 129
2 次時定数 ······· 42, 148, 163, 170, 189, 193, 218
2 次巻線抵抗 ······················· 36, 164
2 相変調方式 ························· 64, 65
3 次調波加算方式 ························ 62

■ 著者紹介 ■

岩路 善尚 (いわじ よしたか)

茨城大学・大学院・応用理工学野・電気電子システム工学領域・教授。1964年4月8日生。茨城県日立市出身。1987年3月に茨城大学・工学部・電気工学科を卒業し、同年4月に北海道大学・大学院・工学研究科・電気工学専攻へ進学。大学院にてパワーエレクトロニクスの研究に従事し、博士（工学）を取得。1992年4月に（株）日立製作所・日立研究所へ入社。同社では、産業、家電、自動車、鉄道、ハードディスク等、様々な製品におけるモータ制御技術の研究開発に従事。2002年に同研究所のユニットリーダ、2008年には主管研究員に就任。2019年3月に退職し、現在に至る。IEEE、電気学会会員。電気学会論文賞、地方発明特許賞などを複数回受賞。2017年には、永守財団主催の第3回永守賞・大賞を受賞。

設計技術シリーズ

徹底解説！誘導モータの制御技術
基本からセンサレスベクトル制御の実践まで

2025年1月23日　初版発行

著　者　　岩路 善尚　　　　　　　　　　　　　　©2025

発行者　　松塚 晃医

発行所　　科学情報出版株式会社
　　　　　〒300-2622　茨城県つくば市要443-14 研究学園
　　　　　電話　029-877-0022
　　　　　http://www.it-book.co.jp/

ISBN 978-4-910558-38-7　C2054
※転写・転載・電子化は厳禁
※機械学習、AI システム関連、ソフトウェアプログラム等の開発・設計で、
　本書の内容を使用することは著作権、出版権、肖像権等の違法行為として
　民事罰や刑事罰の対象となります。